优质肉兔
养殖技术问答
YOUZHI ROUTU YANGZHI JISHU WENDA

谢喜平　江　斌　陈祝茗◎主　编
谢喜平　江　斌　陈祝茗　吴胜会　林　琳　张世忠◎编　著

U0226107

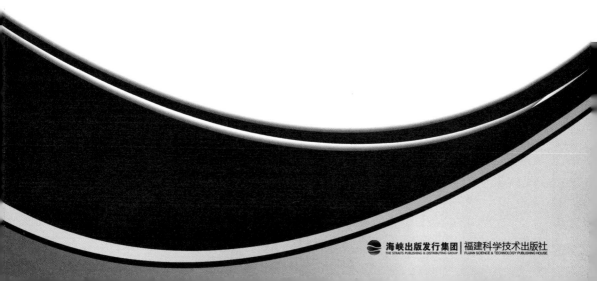

海峡出版发行集团 | 福建科学技术出版社
THE STRAITS PUBLISHING & DISTRIBUTING GROUP | FUJIAN SCIENCE & TECHNOLOGY PUBLISHING HOUSE

图书在版编目（CIP）数据

优质肉兔养殖技术问答/谢喜平，江斌，陈祝茗主编；
谢喜平等编著. — 福州：福建科学技术出版社，2017.9
（特色养殖新技术丛书）
ISBN 978-7-5335-5374-6

Ⅰ.①优… Ⅱ.①谢… ②江… ③陈… Ⅲ.①肉用兔—
饲养管理—问题解答 Ⅳ.①S829.1—44

中国版本图书馆 CIP 数据核字（2017）第 140854 号

书 名	优质肉兔养殖技术问答
	特色养殖新技术丛书
主 编	谢喜平 江 斌 陈祝茗
编 著	谢喜平 江 斌 陈祝茗
	吴胜会 林 琳 张世忠
出版发行	海峡出版发行集团
	福建科学技术出版社
社 址	福州市东水路 76 号（邮编 350001）
网 址	www.fjstp.com
经 销	福建新华发行（集团）有限责任公司
印 刷	福建省金盾彩色印刷有限公司
开 本	700 毫米×1000 毫米 1/16
印 张	6.75
字 数	107 千字
版 次	2017 年 9 月第 1 版
印 次	2017 年 9 月第 1 次印刷
书 号	ISBN 978-7-5335-5374-6
定 价	22.00 元

书中如有印装质量问题，可直接向本社调换

肉兔是一种以草食为主的小型经济动物，其肉质细嫩、味道鲜美，高蛋白质、高氨基酸、高磷脂、低脂肪、低胆固醇、低热量（即"三高三低"），被认为是一种保健、益智、美容的肉食品，越来越受到人们的青睐。欧美等国人均年消费兔肉 3 千克以上，而我国人均年消费不足 400 克。近年来，兔肉在我国的需求呈逐年递增趋势，尤其是优质兔肉，市场潜力巨大，前景广阔。

肉兔养殖业适应性广，不需强劳力，投入产出快、消耗低、排污少，投资可大可小，因此愈来愈得到人们的重视。近几年来，我国肉兔养殖业发展速度日益加快，饲养地区由中南、西南和华东地区不断向其他地区扩展，饲养方式由粗放型、零星散养型和家庭副业型逐渐向集约化、规模化和专业化转变，饲养规模由小型逐步向中大型发展。肉兔养殖业不仅是广大农民致富的一项养殖业，也是广大投资者看好的一项养殖业。

为满足广大饲养者对肉兔饲养知识的需求，我们依据自己多年从事肉兔科研的成果与生产实践的经验，参考国内外有关的技术成果和文献资料，以问答的形式编写了这本书。全书力求内容简明、实用，可操作性强。

因作者水平有限，书中不足与错误之处难免，恳望读者提出宝贵意见。

 目录

CONTENTS

八、肉兔传染病防治 …………………………………………… (69)

九、肉兔普通病防治 …………………………………………… (83)

一、肉兔生物学特性

1. 肉兔具有哪些消化特性？

肉兔是单胃草食性动物，具有独特的消化器官，有特殊的口腔结构、发达的盲肠和特有的圆小囊；具有草食性、啃食性、食粪性，以及粗纤维消化效率高、能有效利用粗饲料中的蛋白质等消化特性。

肉兔的口腔具有特殊的结构，其上唇纵裂，门齿裸露，便于采食地面上的植物和啃咬树枝的皮、叶；成年兔具有发达的门齿，便于切断饲料；臼齿咀嚼面宽阔、有横脊，适于研磨草料。

肉兔的小肠和大肠的总长度为体长的 10 倍。小肠是消化和吸收的主要部位，除纤维素外，淀粉、蛋白质和脂肪等营养物质经过小肠时大多被分解吸收。肉兔大肠有个发达的盲肠和特有的圆小囊。盲肠极为发达，相当于一个大的发酵袋，内有螺旋瓣，繁殖着大量的微生物和原虫。草料中的纤维素就依靠这些微生物分泌的纤维素酶进行发酵分解。

2. 肉兔喜欢哪些饲料食物？

肉兔以植物为食物，主要采食植物的根、茎、叶、种子。在草料中喜吃多叶、粗嫩适中、甜味的青绿饲料；在多汁饲料中喜吃清脆、硬软适中、甜味的块根类；在配制日粮中，厌吃粉料，喜吃稍硬成形的颗粒饲料。

3. 为什么肉兔喜欢啃咬物体？

肉兔的门齿与啮齿目动物相似，跟老鼠门齿一样发达，有不断生长、磨损、生长的特点，因而时常会啃咬兔笼。在建兔笼时应注意这一特点，饲养时要时常投喂一定量的草茎、作物秆等。

4. 肉兔吃自身软粪有好处吗？

肉兔排出两种大便，一种是在白天排出的硬粒状的粪便；另一种是在晚上排出的软粪，其外被包膜、有光泽，有时排在料槽内。软粪与盲肠内容物相似，内含微生物作用过的食糜、部分 B 族维生素和蛋白质，故肉兔喜吃。

5. 肉兔对粗纤维、蛋白质消化利用情况如何？

肉兔具有单胃、非常发达的盲肠和结肠，对粗纤维的利用率达 65％～78％，仅次于牛、羊。食物经过盲肠微生物的作用后，其中粗纤维快速通过消化道（5～6 小时），非粗纤维成分的 75％～80％被迅速消化吸收，最后肉兔排出难以消化的纤维部分。可见，肉兔对低质高纤维的粗饲料具有较强的消化能力。

肉兔对粗饲料中的蛋白质利用率也较高，例如对苜蓿粉蛋白质的利用率，兔约为 75％，而猪小于 50％；又如，对全株玉米制成的颗粒料中蛋白质的消化率，兔约为 80.2％，而马仅为 53％左右。

6. 怎样投喂不同种类饲料？

针对肉兔的消化特性，在饲养管理上应做到：饲料以草等植物饲料为主；投喂多汁、叶菜类青饲料时，要控制好菜叶、嫩草的含水量；不喂粉料，而用颗粒料；饲喂时先投易消化料，再喂中等消化料，后喂难消化的干粗料。

7. 为什么肉兔喜欢昼伏夜行？

家兔的祖先为起源于地中海周围地区和欧洲的野生穴兔，其大部分的习性都承袭了野兔的习性：在深山丛林中生活，白天躲在洞中，晚上才出来活动。家兔白天除吃食外都很安静，静伏笼中，而夜间活跃。其近 75％的日粮和 60％的饮水量均在晚上食入，因此在饲养日程安排上，夜间要喂足饮水和饲料。

8. 为什么要求兔舍安静？

肉兔体小力弱，胆小怕惊，对外界环境变化非常敏感，突然的惊动会引起其精神紧张不安，竖耳静听，甚至惊慌失措、乱窜乱撞；有时甚至会引起食欲下降，母兔拒绝哺乳或咬死仔兔。因此，要求兔舍保持安静，饲养时动作要轻稳，避免惊扰。

9. 肉兔喜欢什么样的环境条件？

肉兔喜爱在清洁、干燥和安静的环境中生活，兔舍最适空气相对湿度为 60％～65％。干燥、清洁的环境有利于肉兔健康生长，潮湿、污秽的生活环境极易导致病原菌的孳生蔓延；肉兔抗病力弱，一旦患病难以治疗，常常造成严重的损失。因此，在建筑兔舍和日常的饲养管理中，须重视环境的干燥清洁，尤其是南方各地更要重视这一点。

10. 为什么肉兔耐寒怕热?

肉兔被毛浓密，缺乏汗腺，较耐寒但不耐热。肉兔生长适宜气温为15～25℃，但仔兔、幼兔体温调节能力差，尤其是刚出生的仔兔，裸体无毛，要求窝内温度保持在30～32℃。在寒冷的季节要做好仔兔、幼兔的保温管理工作。在南方，夏季以防热为主，7～8月肉兔采食量减少，在生产上不应安排配种、分娩;冬季也要注意做好仔兔、幼兔防寒工作。

11. 为什么肉兔喜欢打洞穴居?

肉兔是由野生穴兔经长期驯化而来，因而仍保留打洞穴居这一特性。在建造兔舍和选择饲养方式时应考虑这一特性，避免肉兔在兔舍内乱打洞，导致不易管理。

12. 为什么公、母兔要及时分笼饲养?

肉兔合群性差，同性别，尤其是公兔之间，斗殴严重。在饲养管理中，后备公兔和种兔要单笼饲养，仔兔、幼兔要根据强弱、公母及时分笼，以避免出现公兔之间斗殴，同时也有利于不同体质的个体正常生长发育。

13. 肉兔的正常体温、呼吸频率、心跳分别是多少?

肉兔是恒温哺乳小型动物，新陈代谢旺盛，体内代谢产热量大。因其汗腺缺乏，体温调节功能很不完善，散热主要通过呼吸和排泄完成。正常体温38.5～39.5℃。

在平静时，成年兔呼吸频率每分钟20～40次，幼兔40～60次，因气候变化而有所变化。

在平静时，成年兔心跳每分钟80～90次，幼兔快些。在受惊吓或剧烈运动时大大加快。

14. 肉兔正常生长发育的适宜气温是多少?

肉兔对气温的耐受力因年龄而有所差异，成年兔适宜气温为15～25℃，初生仔兔适宜气温为30～32℃。在饲养管理中要根据成年兔较能抗寒，但不耐高温，仔兔、幼兔较能耐受高温，但在低温下生长缓慢等特点，针对不同季节做好防暑、保温工作。

15. 肉兔在哪个阶段生长发育速度较快?

肉兔生长速度很快,一般初生体重为 50～60 克,出生 1 周后体重增加 1 倍,1 月龄体重是初生体重的 10 倍。不同的品种生长速度有差异,但出生至 3 月龄体重增长迅速,3 月龄后生长速度相对缓慢。

16. 为什么肉兔会换毛、脱毛?

肉兔由于年龄、季节、营养和疾病等原因,会出现旧毛脱落、新毛长出的换毛现象。肉兔换毛分为年龄性换毛和季节性换毛两种。肉兔年龄性换毛一生中有两次,第一次在 30～100 日龄,第二次在 130～180 日龄。肉兔性成熟后出现季节性换毛,每年春秋各 1 次,春季在 3～4 月份,秋季在 9～10 月份;季节性换毛与光照、温度、营养和遗传等因素有关。肉兔有时在病理状态下也会出现脱毛现象。

17. 为什么关在同一笼的兔会相互咬吃兔毛?

关在同一笼的兔会相互咬吃兔毛,其原因可能是饲养密度过大,饲料中缺乏蛋氨酸、维生素和粗纤维等。当出现相互咬吃兔毛现象时,要及时采取相应措施,如减少每个兔笼内的饲养只数、在日粮中添加 0.2% 的蛋氨酸、每天投喂适量青粗料等。

二、肉兔繁殖

1. 肉兔的繁殖主要有哪些方面的内容?

肉兔的繁殖包括性成熟、精子和卵子的形成、公兔与母兔的配种、受精与胚胎发育、分娩和哺乳等复杂的过程。整个繁殖过程受外界因素,以及神经系统和内分泌系统的影响和调节。肉兔的繁殖是肉兔养殖业的关键环节,了解并掌握科学的肉兔繁殖知识是提高养兔业经济效益的重要措施。

2. 母兔子宫有哪些特异性?

母兔属双子宫动物。左、右两个子宫的子宫颈共同开口于阴道,两个子宫均可供胚胎生长发育,不会发生单子宫动物那样受精后的结合子由一个子宫角向另一个子宫角移行的情况。

3. 公、母兔配种前要做哪些准备工作?

配种前,制定配种计划。这是为了防止乱交乱配、近亲交配,也为了有计划地使用公兔。要根据选育和生产目标制定配种计划,记录配种情况,建立种兔系谱。

首先对种公兔进行检查,凡体弱、发育较差、单睾、隐睾和生殖器官有疾病的不能做种兔用来配种。其次,配种前对母兔进行发情情况检查。当母兔的外阴红、肿胀、湿润时表示发情,老红时最适宜配种。

4. 母兔不发情时能配种吗?

母兔属于诱发性排卵或刺激性排卵动物。母兔卵泡虽然成熟,但不自然排出,只有经公兔交配刺激后 10~12 小时排卵。因此在生产上可根据肉兔的这一生殖特性,结合生产计划,采用强制交配的方法促使母兔受胎。

5. 肉兔性成熟是在什么时候?

仔兔生长发育到一定年龄,公兔睾丸能产生精子,母兔卵巢能产生卵子,即达到性成熟。一般来说，公兔的性成熟年龄为 4～4.5 月龄，母兔为 3.5～4 月龄。肉兔的性成熟年龄与品种、性别、个体、饲养管理水平、气候条件和遗传等都有关系。一般母兔比公兔早 1 个月，小型品种比大型品种早 1 个月。

6. 肉兔适宜初配月龄是多少？

公、母兔性成熟后，虽然已有繁殖能力，但因其身体尚未完全发育，此时不宜配种，否则会影响母兔和仔兔的生长发育。但过迟配种也会影响公、母兔的生殖功能和终身繁殖能力。当种兔体重达到该品种成年兔体重的 75% 左右时，结合月龄可以初配。一般大型兔初配适宜期为 7～8 月龄，如比利时兔；中型兔初配适宜期为 6～7 月龄，如新西兰兔；小型兔初配适宜期为 5～6 月龄，如四川白兔、福建黄兔。

7. 母兔什么时候配种受胎率高？

母兔的性活动表现出一定的规律性，日出前 1 小时、日落前 2 小时和日落后 1 小时性活动能力最强。因而生产中在清晨、傍晚配种，此时配种受胎率最高。有实验表明，气温 14～16℃、光照 16 小时时，母兔发情率最高。

8. 种兔的利用年限有多长？

种兔从适龄交配繁殖开始，其利用年限为公兔 3 年、母兔 3～4 年。年龄过大的种兔，性活动功能降低，生产的仔兔品质下降。

9. 公、母兔配种适宜比例是多少？

种兔公、母比例一定要适宜。如果公兔比例过小，则种公兔交配过于频繁，它的射精量和精子质量都会下降，影响整个母兔群的繁殖率；如公兔比例过高，造成饲料浪费。公、母兔配种适宜比例为 1：（8～12）。

10. 母兔发情有哪些表现？持续期有多长？

母兔发情时一般表现为：精神不安、活跃、往返跑动、乱刨笼底板、食欲减退；当公兔爬跨时，母兔站立不动，臀部抬起，以迎合公兔交配；发情母兔的外阴变得松弛、潮红、肿胀和湿润。

母兔从表现发情开始至发情结束，一般持续 3～4 天。

11. 母兔两次发情中间相隔几天？

母兔一次发情结束后，至下次再出现发情表现一般间隔 8～15 天（此时期称间情期)。

12. 在母兔发情期的哪个阶段配种最好?

在养兔业生产中,要注意观察母兔的发情表现,适时配种。发情表现明显的母兔一般在发情初期外阴部呈粉红色、中期呈老红、后期呈黑紫,在老红时交配最好,有口诀"粉红早、黑紫迟,老红正当时"。根据母兔的发情规律,配种时间一般选在清晨或傍晚,这样受孕率会比较高。

13. 母兔发情率低主要由哪些因素造成?

母兔性成熟后,每隔一定时间卵巢就会成熟一批卵泡,同时因卵泡发育的结果,产生一种雌激素,这种激素促使母兔表现出性欲等一系列生理变化。影响母兔发情的因素主要有:母兔的品种、健康状况、年龄、生理状态,以及气候、饲料、营养、环境等。如在夏天,因气温高,母兔往往性欲低、发情率低;在冬天,因气温低,加上缺乏青草料,母兔往往发情率也低。应针对不同的情况,采取相应的措施。

14. 如何进行母兔的血配?

血配又称频密繁殖,即母兔产仔 1～2 天后配种,仔兔 21～28 日龄断奶。采用血配,母兔每年可繁殖 8～10 窝。但要求有较高的饲料营养。血配母兔使用年限一般不超过 2 年。

15. 为什么说母兔重复配种有利于提高受胎率?

母兔在交配后 10～12 小时排卵,卵子排出后超过 6 个小时就不再受精。公兔的精子在母兔阴道内受精能力的时间仅为 30 个小时。为了提高母兔的受胎率和产仔率,可在第一次交配后的 8～10 小时用同一公兔复配一次。母兔的受精时间一般在排卵后的 1～2 小时,受精后 7 天胚胎在子宫内着床生长发育。

16. 公、母兔自由交配有什么优缺点?

自由交配是指将公、母兔混养在一起,母兔发情后与公兔自由交配。这种交配方法优点是配种及时、省时省力、方法简单。缺点是公、母兔容易早配,母兔容易早孕,无法进行选种选配,后代血统不清,易近亲交配;生产无计划,无法控制公兔的配种频率,容易使公兔早衰,缩短使用年限;无法估计怀孕母兔的预产期,易造成流产和意外事故。

17. 母兔人工辅助配种有哪些好处？

人工辅助配种是指公、母兔平时分开饲养，当母兔发情至适配时将母兔放入公兔笼内，在人工监视下让其完成交配。其优点是有利于选种选配，能合理使用公兔，延长公兔的有效使用年限，可准确地掌握预产期。

18. 怎样进行母兔人工辅助配种？

人工辅助配种前，首先对母兔进行发情鉴定。当母兔处在发情中后期时，也就是母兔外阴为老红色时，将母兔放入公兔笼内，让公兔与其交配。若发情母兔长时间奔跑，拒绝交配，可采用人工强制配种：配种员用左手抓住母兔颈部皮肤，右手伸入腹下置于两后腿之间并用食指和中指固定尾巴，举起母兔臀部，迎合公兔交配。交配完毕后，轻拍母兔臀部，以防精液倒流出体外，然后将母兔放回原笼，及时做好配种记录。

19. 母兔人工授精有哪些好处？

开展母兔人工授精具有以下两个优点。

（1）可以充分发挥优良种公兔的作用。本交时一只公兔只能承担 8～12 只母兔的配种任务，人工授精时一只公兔的精液经采集、稀释后，可使受配母兔数量扩大 10～20 倍，因此可充分发挥优良种公兔的作用，减少种公兔数量，降低养殖成本；同时，做到公兔优种选优，保持兔群质量不断提高，提高经济效益。

（2）能防止疾病的传播。采用人工授精能够实现公、母兔的养殖与配种的隔离，可以防止生殖器官和其他一些疾病的传播，利于防疫灭病。

20. 如何开展母兔人工授精？

开展母兔人工授精需要一定的条件和技术。

首先要购买一套包括采精、输精器，检查精液质量用的显微镜，消毒器械等必要设备，以及消毒液、冲洗液和精液稀释液等材料。同时要掌握相应的技术。

（1）公兔调教与采精。选择血统清楚、体格健康强壮、性欲旺盛的优良种公兔进行采精训练，开始可用母兔作台兔，调教成熟后用假台兔也能顺利采精。

（2）精液品质检查。用显微镜进行精子活力和密度检查，确定是否合格。

（3）精液稀释。按精子活力和密度确定稀释比例，稀释液要先进行与精液等温处理（25～30℃）后稀释。

（4）输精。选择已自然发情或人工催情的母兔进行输精，输精深度一般在阴门裂内8厘米即可。

21. 如何做到按计划批量繁殖生产商品肉兔？

通常繁殖母兔自然发情是散发的，在生产中如果根据繁殖母兔自然发情来配种繁殖，就无法按市场和生产的需要进行有计划批量生产。为了实现按计划批量繁殖生产商品肉兔的目的，通常采用母兔同期发情处理方法，同期配种，按批量生产相同日龄商品兔。目前生产中采用的方法主要有以下两种。

（1）药物同期发情，同期人工授精。具体方法：人工授精前48～52小时对母兔肌内注射孕马血清促性腺激素，每天每只60～80国际单位，连用2天，一般在第三天进行人工授精。输精后立即肌内注射促黄体素释放激素 A_3（促排3号），每只0.6～0.8微克。

（2）光照调节同期发情，人工辅助配种。具体方法：人工光照6天，每天16小时（6：00～22：00），光照强度60～90勒（测定光照强度位置以兔笼中间母兔的体高处为准），第七天进行发情鉴定。已发情母兔用公兔进行本交，或人工授精。输精后母兔立即肌内注射促黄体素释放激素 A_3（促排3号），每只0.5～0.6微克。

22. 怎样给母兔进行性诱催情？

性诱催情是指将一些长期不发情或拒绝交配的母兔放入公兔笼内，让公兔进行追逐、爬跨等刺激，然后将母兔放回原笼。经几次性刺激后母兔通常能分泌性激素，从而发情、排卵。

23. 如何调节光照给母兔催情？

肉用种兔对光照要求虽然不高，但缺乏光照会影响其繁殖性能，因而在秋冬短日照季节，或缺乏光照的兔舍内，人工增加光照，可促使母兔发情。如前15天每天给予14～16小时光照，后15天每天给予6～8小时光照，可促进母兔发情。在生产中要求每天有6～8小时的光照时间。

24. 为什么夏冬季节母兔发情率低？

因夏季天气炎热，母兔性欲低下，易难产，因此通常在7月中下旬至8月下旬不安排繁殖配种，让母兔停产休息。冬季气温低，日照短，缺乏青绿饲料，母兔性欲低下，发情率也低下；同时，冬季气温低，母兔耗能大。因此，冬季首先要做好防寒保温工作，适当增喂 10%～20% 的日粮。另外，要设法喂一些菜叶、胡萝卜、一年生黑麦草等，促进母兔正常发情配种。

25. 母兔怀孕期是几天？

母兔的妊娠期（怀孕期）一般为 28～32 天，平均 30 天。母兔妊娠期长短与品种、年龄、营养水平、胎儿数量和发育情况有关。一般大型兔的妊娠期比小型兔长，老年兔比青年兔长，胎儿数量少的比多的长，营养与健康好的比差的长。

26. 母兔临近分娩时有何征兆？

母兔怀孕 30 天左右，胎儿发育完全，并由母兔排出体外，这一过程称为分娩。母兔的分娩征兆较为明显，如母兔腹部鼓大、乳房增大、外阴肿胀充血、阴道黏膜湿润潮红，喜卧笼休息。临产前 1～2 天或几小时食欲减退，厌食，拉毛、衔草做窝。

27. 母兔分娩过程持续多长时间？

母兔临产时，子宫收缩阵痛，顿足，不安，分娩时母兔呈犬坐式半蹲，阴道排出带少量鲜血的淡红色的羊水。第一只仔兔连同胎衣一并产出，母兔边产仔边舐仔兔，咬断脐带，吃掉胎衣，随后第二、三只仔兔依次出生。一般母兔的分娩过程需 20～30 分钟。在管理上要及时给产后母兔供水，以避免母兔因产后口渴导致吃掉仔兔的情况发生。

28. 如何做好母兔的分娩接产工作？

在母兔分娩前 1～2 天须将消毒好的产仔箱放入笼内（若是外挂式产仔箱要及时挂好），箱内铺上清洁柔软的干草。对那些不会拉毛的母兔要进行人工拉毛。母兔分娩产仔过程一般持续 20～30 分钟，正常分娩时不需人工干预。母兔边产仔边将脐带咬断，吃掉胎衣，舐干仔兔身上的血和黏液。若有仔兔产在箱外，要立即将其放回箱内。待母兔产完跳出箱外后，用毛盖好箱内仔兔，并清理产仔箱内的污毛、湿草、血迹等。然后将装仔兔的产仔箱放在冬季保温、夏季防暑，并能防兽害的地方。如有个别仔兔未吃到初乳，待分娩母兔休息 1 小时左右后进行人工辅助哺乳，确保仔兔产后 1～6 小时吃上初乳。母兔产后急需饮水，要及时供给清洁、充足的饮水。及时做好产仔数、初生窝重等项目记录。

29. 母兔一胎能产多少只仔兔？一年能产多少只仔兔？

母兔是多胎多产动物，每窝产仔数多，一般每胎产仔 5~6 只，多的可达 10 多只。

母兔繁殖力强，性成熟早，不受季节限制，一年四季都可发情配种。母兔孕期短，全年产仔窝数多，通常年产 4~5 胎，有的可达 6~7 胎。一般一只母兔一年能产 30 多只仔兔，有些能产 40 多只仔兔。

30. 为什么初生仔兔要及时吃上初乳？

母兔临产前 1~2 天及产后 3~4 天乳房中分泌的乳汁为初乳，此后分泌的为常乳。初乳含有丰富的营养，具有轻泻作用，能帮助仔兔排泄胎粪；初乳中还含有酶和抗体，对初生仔兔而言是不可缺少的。及时吃足初乳有利于仔兔生长发育和提高其成活率。生产上要求仔兔出生后 1~6 小时吃上初乳，若母兔无法自然哺乳时，应及时采用人工辅助哺乳，让仔兔尽早吃足初乳。

31. 仔兔何时断乳比较合适？

仔兔出生后前 15~16 天完全靠母乳生长，一般母兔每天哺乳 1~2 次，每次 15~20 分钟。母兔一般在产后 4~5 天泌乳量逐步增加，中型品种哺乳母兔一般在分娩后 20 天左右泌乳量达到最高（小型品种稍早 1~2 天），到第 28 天后泌乳量显著下降，到 30 天时基本停止泌乳。母兔泌乳量的大小与其饲养营养水平关系较大，营养好的母兔，其泌乳量高峰期相对长些。因此，仔兔断乳通常在 30 日龄，对于一窝中个别发育差、较弱的个体可适当延长至 35 天左右断乳。

32. 什么时候开始给仔兔补料？

仔兔出生后前 15~16 天完全靠母乳生长，第 16 天后，单靠母乳不能满足其快速生长发育的需要，因此，在仔兔 17~20 日龄时开始诱食补料，断乳前 1 周母、仔分笼。哺乳时将母兔置于仔兔笼中，使仔兔逐步离开母兔，以利于仔兔的生长发育。

33. 如何提高初生母兔的带仔能力？

有些初生母兔因其母性不强，带仔能力较差，如临产前拔自身乳房四周的被毛能力差，自行哺乳能力差。对这类母兔必须进行人工辅助，在临产前几天人工抓拔乳房四周的被毛，以利于产后哺乳。在产后头几天，先进行人工辅助哺乳，然后逐步过渡到自行哺乳。

34. 如何提高种兔的繁殖力？

种兔的繁殖力受遗传、营养、气温、年龄等因素的影响，不同的饲养管理和繁殖技术水平都会影响种兔的繁殖力。要提高种兔的繁殖力必须全面考虑，针对不同情况，采取相应措施。

（1）改善饲养管理条件。营养条件的好坏对种兔的繁殖力影响明显。良好的营养条件能促进种兔健康发育，使母兔发情整齐、增加排卵数，公兔生产良好的精液、受胎率高。提供充足的青绿饲料和全价的饲料，是提高种兔繁殖力的有效途径之一。

（2）创造适宜繁殖环境。夏季高温和寒冬低温都会影响种兔的繁殖力。如在南方，夏季高温，母兔不发情，公兔性欲低，分娩母兔易难产。另外，环境噪声等各种不利因素均可影响种兔的繁殖力。因此，要采取各种措施，创造适宜环境，如夏季防暑降温、冬季防寒保暖等，以提高公、母兔的繁殖力。

（3）提高适龄母兔在兔群中的比例。公、母兔在 2 岁时繁殖率最高，3 岁后繁殖率下降。每年对兔群进行一次整群，适时淘汰老龄兔（通常每年更换1/3），使繁殖母兔占优势，有利于提高种兔的繁殖力。

（4）人工催情。对那些长期不发情的适龄母兔，可采用人工催情法，使母兔发情配种。

三、肉兔品种与育种

1. 全世界家兔有多少个品种?

家兔品种很多,全世界大约有 60 多个品种,200 多个品系。所有家兔品种都起源于地中海周围地区和欧洲的野生穴兔,大约在公元前 1000 年驯养成家兔。经济目的、选育方法、地域隔离和饲养管理条件等不同,导致家兔品种、品系的差异。

家兔按经济用途分类,可分为:肉用兔,如新西兰兔、加利福尼亚兔、比利时兔等;毛用兔,主要指安哥拉兔,包括德系安哥拉兔、法系安哥拉兔、中系安哥拉兔、英系安哥拉兔、日系安哥拉兔;皮用兔,如力克斯兔、银狐兔、哈瓦那兔等;皮肉兼用兔,如青紫蓝兔、日本大耳兔等。

2. 中国从国外引进的肉兔品种主要有哪些?

中国从国外引进的肉兔品种,在生产上得到广泛使用的有新西兰兔、加利福尼亚兔、比利时兔、布列塔尼亚配套系、伊普吕配套系、伊拉配套系、齐卡配套系、青紫蓝兔、公羊兔、日本大耳兔和花巨兔。

(1)新西兰兔(彩图 1)。美国育成的近代著名的肉用品种,有白色、红黄色和黑色 3 种毛色,其中以白色最为著名。新西兰白兔头部粗短圆宽,两眼球呈粉红色,两耳短厚直立,体躯中等长度,腰和肋部丰满,后躯发达,臀圆,四肢强壮有力。早期生长发育快,屠宰率高,肉质细嫩,2 月龄体重 1.5~2 千克,成年母兔体重 4.5~5.4 千克,成年公兔体重 4.1~5 千克。在我国普遍作为肉用和实验用兔饲养。

(2)加利福尼亚兔。原产美国的加利福尼亚州,用喜马拉雅兔、青紫蓝兔和新西兰兔 3 种品种杂交育成。其体躯被毛白色,而鼻端、两耳、四肢下端和尾部呈黑色,故有"八点黑"之称。但此"八点黑"在幼兔期不明显,在第一次换毛后才逐渐表现出来。此品种兔两眼球红色,颈粗短,两耳小而直立,体型中等,秀丽美观,躯体发育良好,肌肉丰满,遗传性能稳定,生命力强,性情温顺。成年公兔体重 3.6~4.5 千克,成年母兔体重 3.9~4.8 千克,产肉性能好，屠宰率 52%，肉质鲜嫩。繁殖力强，窝均产仔数 6～8 只。肉用性能仅次于新西兰兔。国外多用它与新西兰兔杂交生产商品肉兔。

（3）比利时兔。原产于比利时，毛色很像野兔，为深红带黄褐色或褐色，头粗大，脑门宽圆，颈粗短，眼珠黑，两耳较长，耳尖有光亮的黑色边毛。体长，后躯较高，四肢粗大，生长快，肌肉丰满，成年兔体重 5.5～6 千克。引入我国后主要在北方地区，如河北、山东、辽宁等地饲养；在南方地区饲养，夏季不育时间较长。

（4）布列塔尼亚配套系。原产于法国，属于大型肉兔配套系，由 A、B、C、D 4 个品系组成。祖代公、母兔，或父母代公、母兔，被毛均为纯白色，眼为红色。头较粗重，两耳大而直立，躯体丰满结实，腰肋部肌肉发达，四肢粗壮，具有肉用品种的典型特征。配套系祖代之一（A 系），成年兔体重 5.8 千克以上，性成熟期 26～28 周龄，70 日龄体重 2.6～2.7 千克，料重比 2.8：1；祖代之二（B 系），成年兔体重 5 千克以上，性成熟期 17～18 周龄，70 日龄体重 2.5～2.7 千克，料重比 3：1，年产 6 胎、可育成仔兔 50 只；祖代之三（C 系），成年兔体重 3.8～4.2 千克，性成熟期 22～24 周龄；祖代之四（D 系），成年兔体重 4.2～4.4 千克，性成熟期 17～18 周龄，年产 6 胎、可育成仔兔 50～60 只。父母代（AB，父系），成年兔体重 5.5 千克以上，性成熟期 26～28 周龄；父母代（CD，母系），成年兔体重 4～4.2 千克，性成熟期 17～18 周龄，年产 6～7 胎，每胎产仔 10～11 只。商品代（ABCD），35 日龄断奶体重 900～980 克，70 日龄体重 2.5～2.6 千克，料重比 2.7：1，屠宰率 59%，胴体净肉率 85% 以上。

（5）伊普吕配套系。法国克里莫公司历经 20 多年精心培育而成。该兔体躯被毛白色，耳、鼻端、四肢及尾部为黑褐色，随年龄、季节及营养水平变化有时可为黑灰色。眼球粉红色，耳小、绒毛密，体质结实，胸、背和后躯发育良好，肌肉丰满，体形优美，成年体重可达 6 千克以上。该兔平均每年产仔 8.7 窝，每窝 9.2 只，成活率为 95%，77 日龄体重可达 2.5～3.1 千克。抗病力强，适应性强，易饲养，肉质鲜嫩，屠宰率高达 57.5%～60%。

（6）伊拉配套系（彩图 2）。法国欧洲兔业公司在 20 世纪 70 年代末培育成的杂交品种，由 A、B、C、D 4 个品系组成。它是由 9 个原始品种经不同杂交组合选育试验后培育出的，其显著的特点是屠宰率高，可达 59%，肉质鲜嫩，成年商品兔平均体重达 4.5～5 千克。A 系、B 系兔除耳、鼻、肢端和尾是黑色外，全身白色；C 系、D 系兔全身白色。眼睛粉红色，头宽圆而粗短，耳直立，臀部丰满，腰肋部肌肉发达，四肢粗壮有力。伊拉肉兔前期发育快，90 日龄达到 2.5 千克以上；种兔产仔率高，成活率一般在 95% 以上。日增重

50 克，平均胎产仔数 8.35 只，受胎率 76%，断奶死亡率 10.31%，料重比 3∶1，75 日龄体重为 2.5 千克，净肉量为 1.5 千克。因是配套系，其遗传性能稳定，抗病能力强。

（7）齐卡配套系。德国著名育种专家齐默曼和慕尼黑大学联合育成的肉兔配套品系。该兔全身洁白，眼呈粉红色，后躯较高，四肢粗大，胴体背腰宽，后躯肌肉丰满，属巨型兔；具有发育早，生长快，适应性好，抗病力强等特点。标准化饲养条件下，仔兔初生体重 75 克，成年兔体重 6～8 千克，75 日龄平均体重达 2.5～3 千克，屠宰率 60% 以上，肉质细嫩。每胎平均产仔 8～16 只，肥育成活率为 93%。

（8）青紫蓝兔（彩图 3）。原产法国，是由法国育种家用蓝色贝韦伦兔、嘎伦兔和喜马拉雅兔杂交育成的一种优良皮肉兼用兔，其毛色与南美洲的一种珍贵毛皮兽——青紫蓝绒鼠很相似，因而称之为青紫蓝兔。每根毛纤维有 3 种颜色，毛根灰色，中段灰白色，毛尖黑色；吹开被毛呈现彩色轮状旋涡，甚为美观。青紫蓝兔体型匀称，头大小适中，嘴钝圆，颜面较长；眼球呈茶褐色或蓝色，耳尖、尾背呈黑色，眼圈、尾底为白色，腹部浅灰色；体质健壮，四肢粗大。该品种有 3 个类型，即标准型、美国型和巨型。标准型青紫蓝兔体型较小，结实紧凑，耳短且直立，成年公兔体重 2.5～3.4 千克，成年母兔体重 2.7～3.6 千克。美国型青紫蓝兔体长中等，腰臀丰满，成年公兔体重 4.1～5 千克，成年母兔体重 4.5～5.4 千克。巨型青紫蓝兔体大肉丰，为偏于肉用的巨型品种，耳较长，有的一侧耳直立，另一侧下垂，均有肉髯；成年公兔体重 5.4～6.8 千克，成年母兔体重 5.9～7.3 千克。该品种兔体质强壮，适应性强，性情温和，耐粗饲，繁殖力、泌乳力好，胎均产仔 6～8 只。青紫蓝兔在我国分布较广，东北、华北、华东和西南大多数省份均有饲养。

（9）公羊兔。又名垂耳兔，其特点是两耳长大而下垂，头形似公羊，故名。此兔有上百年历史，育成之后分布世界各地，而各地又进行不同的选育，体型发生了很大变化，可分为法系、英系和德系。毛色有白、黑、棕和黄色，体形较肥大，中型成年兔体重 6～8 千克，大型成年兔体重 10～11 千克。我国自上世纪 70 年代陆续引进中型法系公羊兔，主要分布在江苏、河北、北京、上海、四川等地。其毛色为棕褐色，表现出较耐粗饲、抗病力强、生长发育快、繁殖力低等特点。

（10）日本大耳兔。日本以中国白兔为基础培育而成。其被毛紧密，毛色纯白、双眼红色、双耳大且直立、耳根细、耳端尖、形似柳叶，母兔颌下有肉髯。体质健壮，适应性强，耐粗饲，成熟早，生长快，繁殖力强。此品种兔分为大、中、小三型。小型体重 2～2.5 千克，中型体重 3～4 千克，大型体重

5～6千克，是优良的皮肉兼用兔。此外，因其具耳大皮白、血管清晰等特点，可作为一种理想的实验动物。我国各地均有饲养。

（11）花巨兔。原产德国，用弗郎德兔和一种品种不详的家兔杂交育成。德国花巨兔体型粗短，骨骼较粗重。我国引进的是德国著名大型兔种，体形稍长，呈弓形，腹部离地面较高。毛色为白底黑花，嘴、鼻、两耳、眼围及中背线均黑色。成年兔体重5～6千克。

3. 中国自己培育的肉兔品种有哪些？

我国育种工作者经过长期的努力，培育出哈白兔、塞北兔、虎皮黄兔、大耳黄兔、安阳灰兔等，它们具有生长快、适应性强等特点。

（1）哈白兔。由中国农业科学院哈尔滨兽医研究所用哈尔滨本地兔与上海大白兔、比利时兔、花巨兔杂交育成。此品种兔体型较大，头部大小适中，耳大且直立，双眼珠红色，下颌宽大、有肉髯。四肢强健，体质结实，结构匀称，肌肉丰满，被毛纯白有光泽。成年体重5.5～7千克，适应性强，耐粗饲，年产仔5～6胎，每胎产仔8～9只，70日龄平均日增重35克以上，屠宰率高（90日龄为53.3%）。

（2）塞北兔。由河北张家口农业高等专科学校以法国公羊兔和比利时兔为亲本，用二元轮回杂交选育而成。属皮肉兼用型，其被毛以黄褐色为主，有少量白色和米黄色。两耳宽大，一耳直立，一耳下垂，头略粗，鼻梁上有一黑色中峰线，体躯匀称，肌肉丰满，生长发育快，成年兔体重5～6千克。抗病力和适应性强，胎均产仔数7只。据了解，在福建省养殖时，其夏季繁殖率偏低。

（3）虎皮黄兔。又名太行山兔，是太行山区人民经过7年选育而成的，属皮肉兼用型。虎皮黄兔分标准型和中型两种类型。标准型兔全身被毛为粟黄色，腹部毛为淡白色，头清秀，耳较短、直立，体型紧凑，背腰平宽，四肢健壮，体质结实；成年公兔体重约3.8千克，成年母兔体重约3.5千克。中型兔全身被毛深黄色，臀两侧和后背有少量黑毛，头粗壮，耳长且直立，背腰宽长，后躯发达，体质结实；成年兔体重4.3～4.4千克。抗病力强，适应性广，耐粗饲，繁殖力高。

（4）大耳黄兔。原产河北省邢台市广宗县，利用比利时兔群分化出来的黄色兔，采用闭锁选育而成，分A、B两系。A系被毛橘黄色，两耳、臀部有少量黑色毛，腹部毛乳白色。B系被毛杏黄色，腹部毛乳白色。兔两耳大而直立，体长胸粗，后躯发达。耐粗饲，适应性强。早期生长发育快，成年兔体重4～5千克，胎均产仔8.6只，泌乳性能好，仔兔成活率高。

（5）安阳灰兔。由河南安阳有关部门利用日本大耳兔与青紫蓝兔为主杂交育成，属皮肉兼用型。全身被毛青灰色，富有光泽，头大小适中，双眼呈靛蓝色，有些成年母兔下颌有肉髯，后躯发达，四肢强健。早期生长速度快，4月龄体重约2.7千克。繁殖性能好，胎均产仔8.4只。

4. 中国有哪些地方优良品种？

我国家兔品种资源曾经较为丰富，但因较长一段时期受到国外引进品种的影响，不少地方品种资源濒临灭绝，有必要进行保护和科学开发利用。

（1）喜马拉雅兔。又名"八黑兔"，原产喜马拉雅山脉，我国是主要产区。有人认为该品种起源与喜马拉雅地区无关，但认同其起源于东方。毛色特别，即毛色纯白，但口鼻、两耳、尾、四肢呈黑色，故称其"八黑兔"。体型属中小型，耐粗饲，抗病力强，繁殖力高，每胎产仔5~8只，属皮肉兼用型。

（2）四川白兔。属中国白兔，其适应性、繁殖力和抗病力均较强，耐粗饲，是四川省分布比较广泛的皮肉兼用地方品种。体型小，结构紧凑。头清秀，嘴较尖，无肉髯。眼红色，耳短小、厚而直立。乳头一般为4对，被毛优良，短而紧密。毛色多数纯白，亦有少数黑、黄、麻色个体。成年母兔体重约2.35千克，体长约40.4厘米，胸围约26.7厘米，耳长约10.9厘米，耳宽约5.6厘米，耳厚约1.05毫米。母兔最早在4月龄即开始配种。公兔一般都在6月龄开始配种。母兔最多的1年产仔可达7窝，最多的一窝产仔11只。农业部2006年第662号公告将四川白兔列入《国家级畜禽遗传资源保护品种名录》。

（3）福建黄兔（彩图4）。由福建省农业科学院畜牧兽医研究所对福建兔黄色毛种群经7年多7个世代提纯复壮而成。其遗传性能稳定，优良性状，生产性能比1985年出版的《福建省家畜家禽品种志和图谱》记载的水平有较大幅度提高。该品种兔全身被深黄或米黄色粗短毛，紧贴体躯，具有光泽，腹部少量白色毛，从下胸部向腹部呈带状延伸；头部清秀，两耳直立厚短，眼大而圆睁有神，虹膜棕褐色。身体结构紧凑，胸部宽深，背平直，腰部宽，腹部结实钝圆，后躯丰满，四肢健壮有力。成年兔体重2.4~3.2千克，母兔年产活仔33~37只。农业部2006年第662号公告将福建黄兔列入《国家级畜禽遗传资源保护品种名录》。

（4）闽西南黑兔（彩图5）。福建省地方优良兔种，主要分布在闽西南山区，如上杭、武平、长汀、漳平、德化、大田等县市，曾称为黑毛福建兔、福建黑兔、本地乌兔等，是我国珍贵的地方兔品种。2010年经国家畜禽遗传资源委员会鉴定，定名为闽西南黑兔，农业部第1493号公告将其列入《国家级畜禽遗传资源保护品种名录》。闽西南黑兔全身披深黑色粗短毛，紧贴体躯，具有光泽，乌黑发亮，体型较小，头部清秀，两耳直立厚短，眼大而圆睁有神，眼睛虹膜为黑色。身体结构紧凑，胸部宽深，背平直，腰部宽，腹部结实钝圆，后躯丰满，四肢健壮有力。体型外貌和遗传性能稳定，成年公兔平均体重 2.24 千克，成年母兔平均体重 2.19 千克。经产母兔年产 5～6 胎，胎均产活仔 5.66 只。

（5）福建白兔（彩图 6）。属福建省地方优良兔种，目前主要分布在福建山区闽西龙岩地区的武平、长汀、永定、上杭等县以及闽东宁德地区的寿宁、屏南等县，是我国珍贵的地方兔品种，2014 年经国家畜禽遗传资源委员会鉴定。福建白兔全身披白色粗短毛，紧贴体躯，具有光泽。体型较小，头部清秀，两耳直立厚短，眼大圆睁有神，虹膜红色；身体结构紧凑，小巧灵活，胸部宽深，背平直，腰部宽，腹部结实钝圆，后躯丰满，四肢健壮有力，乳头 4～5 对。体型外貌和遗传性能稳定，成年公兔平均体重 2.13 千克，成年母兔平均体重 1.96 千克。经产母兔年产 5～6 胎，胎均产活仔 5.59 只。

5. 如何选择一个好品种?

确定一个肉兔是否为好品种要从以下两个方面综合考虑：首先要市场适销对路；其次要适应当地气候、耐粗好养，抗病力强、成活率高，繁殖率高、生长速度较快，肉质好、有市场竞争力。

6. 什么是肉兔育种?

肉兔的育种，就是根据遗传规律，通过系统的选种选配和繁育方法，固定优良性状，排除不良性状，培育出高产、优质、适应性强的品种或品系。

7. 如何进行种兔的外貌体型评定?

种兔的外貌是其体质的外在表现，一个品种具有其特定的外貌。外貌体型可反映肉兔的生长发育、健康状况和生产性能。种兔的外貌体型评定通常采用目测和测量相结合的方法。不同的品种具有不同的外貌与体型特征。

（1）头。头部外形一般可反映肉兔的体质类型：粗糙型体质头粗重，细致型体质头轻细。通常要求头大小适中，与体躯协调对称。公兔的头一般比母兔的头略宽、圆且粗重。

（2）眼。肉兔的眼睛一般要求大而有神。眼睛的颜色要符合品种要求，如新西兰白兔的眼睛是粉红色，青紫蓝兔的眼睛是茶褐色，福建黄兔的眼睛为棕褐色。

（3）耳。不同品种兔的耳朵的大小、形状各有其特点，如日本大耳兔的耳大且直立，耳根细，耳端尖，形似柳叶；福建黄兔两耳直立厚短。

（4）颈。正常发育的肉兔，其颈与体躯的比例适中、协调，颈肌发达。

（5）肉髯。根据不同的品种而定，有的品种有肉髯，有的品种没有肉髯。有肉髯的品种，一般母兔的肉髯比公兔的大。

（6）背与腰。要求背腰宽广平直。

（7）臀。要求臀部宽圆、丰满。

（8）腹。要求腹部容量大、有弹性，不松弛。

（9）四肢。四肢肢态端正，强健有力，公兔的四肢要比母兔的粗壮。

（10）被毛。要求被毛浓密、柔软，有光泽。

（11）乳房。母兔乳房应有 4 对以上，发育良好匀称。

（12）外生殖器。公兔双睾发育正常，无隐睾。

8. 如何进行目标选种？

根据育种目标，选择优秀的公、母兔留作种用，淘汰不合留种标准的个体。这种对种兔的选择叫选种。对不同品种兔的选种须根据其自有特征和目标来进行。在选种时既要进行全面鉴定，又要根据不同品种的不同生产目标，把选择的重点集中在少数的几个重要品种特征和重要的经济性状上。肉兔选种应选择生长快、产肉多、优质、饲料报酬高、繁殖力强的个体。

9. 肉用种兔常用的选种方法有哪些？

肉用种兔常用的选种方法有以下 4 种。

（1）外貌选择。不同品种的兔具有不同的外貌特征。在选种时首先要选留外貌符合品种特征和要求的个体。

（2）个体选择。完全根据肉兔个体本身的表型值来进行选择。此种方法简单易行，对于遗传力高的一些性状进行个体选择，可获得较大的选择反应，选出表现型好的个体就能较准确地选出遗传优秀的个体。如 30～70 日龄的生长速度遗传力 0.4，采用个体选择就能获得较好的选择效果。

（3）家系选择。以家系作为一个单位，根据家系的平均表型值进行选择。家系选择在肉兔的选种上，主要有同胞、半同胞和后裔测验等选择方法，适用于遗传力低的一些性状选择，如繁殖率、泌乳力、成活率等的选择。

（4）综合指数选择。把要选择的性状按其遗传特点和经济意义综合成一个指数，先对每个要选择的性状进行评分，然后把各个性状得分进行加权相加，按指数高低进行选择，留下指数高的个体或达到一定水平的个体。综合指数选择法在肉兔选种上多数采取集中少数性状，公、母兔分别选择的方法：公兔按生长速度（断奶至70日龄）、耗料比、肉质和屠宰率等性状选择；母兔按产仔数、泌乳力、成活率等繁殖性状选择。

10. 肉用种兔常用的选配方法有哪些？

选配就是有目的、有计划地决定公、母兔的配对繁殖，使优秀个体获得更多的交配机会，使优良的基因更好地重新组合，以获得变异或巩固遗传特性，逐代提高兔群品质，达到培育和利用优良品种的目的。选配是选种的继续，也是一种受人工控制的公、母兔交配的制度。选配分为同质选配、异质选配、年龄选配和亲缘选配。

（1）同质选配。同质选配就是选择性状相同、性能表现一致的优秀公、母兔进行交配，以期获得相似的优良后代，使亲本的优良性状在后代中得以保持和巩固，使优秀个体数量增加，群体品质得到提高。同质选配仅仅是表现型选配，选配效果与正确判断基因型有密切关系，如能结合基因型选配，效果更好。选配双方的同质程度越高，群体内消除杂合子的进度就越快。在同质选配的过程中，要严格加强选择，淘汰体质弱、有遗传缺陷的个体。

（2）异质选配。有两种情况：一种是选择具有不同优良性状的公、母兔交配，以期将两个优良性状结合在一起，获得具有双亲不同优点的后代。如肉用兔中，选择产肉性能高的公兔与产仔性能好的母兔交配。另一种是选择同一性状但优劣程度不同的公、母兔交配，目的是以优改劣，丰富遗传性，提高后代的生产性能。

（3）年龄选配。根据交配双方的年龄进行选配的一种方法。在选配时，除考虑品质和亲缘关系外，还应当考虑年龄，因为年龄的变化会影响生活力和生产性能。一般壮年兔的生活力和生产性能是最好的，在配种中应当壮配青、青配老、壮配老、壮配壮，防止老配老。

（4）亲缘选配。就是考虑交配双方亲缘关系远近的选配。有较近的亲缘关系的双方交配，叫近亲交配，简称近交；反之叫非亲缘交配，简称远交。

11. 为什么自行繁育的种兔容易退化？

养兔场自行繁育的种兔容易退化，主要有以下两个原因：一是原来引进的种兔血统种类少、血缘关系过近；二是在配种时公、母兔近交，或繁育的后代血缘不清，留种时没有记录和系谱，出现近交退化。要避免自行繁育的种兔退化，必须做到引进的种兔血统种类至少有6个以上；种用公兔、母兔和繁育的后代均要及时进行刺耳编号和记录，留种时做好系谱登记，根据系谱进行配种，配种公、母兔之间应 3 个世代内无血缘关系。

12. 肉用种兔有哪些繁育方法？

肉用种兔主要繁育方法有以下两种。

（1）纯种（系）繁育。同一品种进行的选配方法，也就是在同一品种内利用相对同质、来源相近的公、母兔一代复一代地进行严格的选种选配，不断提高该品种的生产性能，并稳定地遗传给后代，生产相似的个体。纯种繁育常用于优良品种的繁育，如用于引进的优良品种的驯化和繁育，对一些地方优良品种也可用纯种繁育。但是，在封闭、特定的环境下进行纯种繁育，会导致后代生活力和生产性能的下降。在育种中为防止出现这种现象，可采用血缘更新法，定期引入本品种不同血缘的公、母兔，以达到改善兔群品质的目的。最好采取品系繁育方法。

（2）杂交繁育。指不同品种（品系）的公、母兔之间交配，获得兼有不同品种（品系）特征的后代。通过杂交，一方面可以育成新品种，另一方面可提高商品兔的生产性能。杂交繁育包括经济杂交（简单杂交）、育成杂交、导入杂交和级进杂交。

13. 如何对肉兔进行刺耳编号？

在肉兔的育种和生产中，为了识别和记录肉兔血缘及其生产性能，防止在选种选配中出现血缘混乱，在仔兔断乳时必须进行编号。目前刺墨法在肉兔的编号中仍广泛使用。

肉兔刺耳编号具体方法：使用专用耳号钳，将要编的号码插在针刺耳号钳夹内，在耳朵内侧无毛而血管少处用碘酒涂擦消毒，然后用耳号钳夹住要刺部位，接着用醋加墨汁涂上，几天后兔耳上就会留下清晰的号码。

14. 如何进行肉兔体尺测定？

肉兔体尺测定一般要求测定体长、胸围，必要时也测耳长、耳宽，通常以厘米数表示。

（1）体长。由鼻端至尾根的直线距离。

（2）胸围。在肩胛后缘绕胸一周的长度。

（3）耳长。由耳根至耳尖的距离。

（4）耳宽。耳最大处的宽度。

15. 肉兔生长发育期体重测定有哪些项目?

不同品种有其各自的不同生长阶段的体重要求。

(1) 初生窝重。产后 12 小时内活仔兔的全窝重。

(2) 初生平均个体重。初生窝重除以其窝活仔数。

(3) 断奶重。断奶日喂饲前称得的体重,分断奶窝重与断奶个体重。

(4) 幼兔 (断乳至 3 月龄)、青年兔 (3~6 月龄)、成年兔 (6 月龄以上) 体重。均在各自期末称重 1 次。

16. 如何计算幼兔、育成兔成活率?

(1) 幼兔成活率。幼兔成活率=(3 月龄幼兔成活数/断奶仔兔数)×100%。

(2) 育成兔成活率。育成兔成活率=(育成期末兔成活数/3 月龄幼兔成活数)×100%。

17. 肉兔繁殖性能测定有哪些项目?

评估肉兔繁殖性能,主要测定以下项目。

(1) 产仔数。一只母兔实产仔兔数,包括死、畸仔兔数。

(2) 产活仔兔数。称初生重时的活仔兔数。评定种母兔的产活仔数以连续 3 胎平均数计算。

(3) 受胎率。受胎率=(发情期配种受胎数/参加配种母兔数)×100%。

(4) 断奶成活率。断奶成活率=(断奶仔兔数/产活仔兔数)×100%。

(5) 泌乳力。用 3 周龄仔兔窝重表示,包括寄养仔兔。评定母兔的泌乳力以连续 3 胎平均数计算。

18. 肉兔生产性能测定有哪些项目?

评估肉兔生产性能,主要测定如下项目。

(1) 生长速度。生长速度 (克/日) =[统计期内兔增重 (克)/统计期内饲养天数 (日)]×100%

(2) 饲料转换率。饲料转换率=[生长期内饲料消耗量 (千克)/生长期内兔增重 (千克)]×100%

(3) 宰前活重。屠宰前停食 12 小时以上的活重。

(4) 全净膛。放血,去皮、头、尾、前脚 (腕关节以下)、后脚 (跗关节以下),剔除内脏和腹壁脂肪的屠体。

(5) 半净膛。在全净膛基础上留肝、肾、腹壁脂肪的屠体。

（6）全净膛屠宰率。全净膛屠宰率＝［全净膛屠体重（千克）/宰前活重（千克）］×100％。

（7）半净膛屠宰率。半净膛屠宰率＝［半净膛屠体重（千克）/宰前活重（千克）］×100％。

四、兔场建立与经营

1. 设计兔舍和饲养设备时要考虑哪些因素？

兔舍和饲养设备是进行养兔生产的必要物质基础条件。建筑兔舍必须根据肉兔的生物学特性，所在地区的气候特点，所养肉兔的品种、规模，采取的饲养方式，生产强度和投资量的大小等确定。为肉兔提供适宜的生长环境，可以保证肉兔健康生长和繁殖，有效地提高其产品的数量和质量。同时须考虑管理方便、节省人工、符合卫生、利于疾病控制等方面，以获得最佳的经济效益。

2. 对养兔场地址有哪些基本要求？

养兔场场址的选择决定着养兔生产的规模。农户散养或小规模家庭饲养可利用废旧农舍改建成兔舍，但集约规模化养兔必须全面考虑、慎重选择、科学规划。用于建筑兔场的地址要符合以下几点基本要求：

（1）地势平坦、干燥、向阳、背风、排水，有发展空间。

（2）土壤为沙质土壤，水源充足。

（3）交通方便，离交通干线 200 米以外的僻静的地方。

（4）可提供处理粪尿、污水的用地，不污染环境。

（5）远离居民生活点，周边不能有集市、车站、码头、学校、屠宰场、畜产品加工厂等，周围有一定面积的牧草种植用地。

3. 建筑兔舍时有哪些基本要求？

根据当地的自然气候特点，充分了解肉兔的生活习性，结合饲养品种、规模、财力等，因地制宜地建筑兔舍，为肉兔的健康生长发育提供适宜的环境条件。

（1）取材根据当地条件，因地制宜，要求材料经济耐久。

（2）兔舍结构设计要符合肉兔的生活习性，有利于兔群的健康生长发育，有利于饲养管理、清洁消毒、防止疾病传播、提高工作效率和实行机械化操作。

（3）放置方式要求坐北朝南，能防雨、防潮、防风、防寒、防暑和防兽害，舍内要求干燥、空气流通、光线充足，冬季保温，夏季通风。

4. 对兔舍环境有哪些具体要求？

对兔舍环境主要有如下要求。

（1）温度。理想的兔舍（彩图 7，彩图 8），能根据外界气候的变化，通过人工措施，有效调节舍内小气候条件，以满足肉兔对其生活环境的要求。对肉兔来说，温度是个重要的环境因素，它对肉兔的生长发育和生产性能有着直接的影响。成年兔的适宜温度为 15～25℃，初生仔兔为 30～32℃。夏季高温对肉兔的生理功能可产生严重影响。环境温度超过 32℃，可引起肉兔食欲下降、消化不良、性欲降低和繁殖困难等，如常见的南方肉兔夏季不育现象。在寒冬季节，成年兔在兔舍内能安全越冬，但会出现饲料消耗增加、繁殖能力下降的现象。初生仔兔体温调节能力差，保温措施尤其重要，从初生到断乳要逐步降温，避免气温剧降。针对不同季节，采用人工措施调节兔舍内的温度，如在冬季寒冷天气，可采用早晨迟开窗、下午早关窗、晚上开启红外线加温灯、仔兔置于保温室等措施，最大限度地满足肉兔对温度的要求。

（2）湿度。肉兔所需的空气相对湿度为 60％～65％，要求不低于 55％，不高于 80％。尤其在高温或低温条件下，过高的湿度利于病原微生物的孳生，易导致肉兔发生疾病，如螨病、球虫病及呼吸道疾病等。兔舍建在地势平坦、干燥、向阳、排水的沙质土壤地区，这是控制湿度的关键。同时要求兔舍通风，避免舍内供水系统出现漏水现象。

（3）光照。肉兔对光照要求不严，一般的自然光通常能满足其要求。强烈、长时间光照反而不利于肉兔的健康。据研究显示，光照对肉兔的繁殖和育肥效果有明显影响。各种类型的兔所需的适宜光照时间各不相同，繁殖母兔每天需要光照 8～10 小时、最多 16 小时，公兔不超过 12 小时，肥育兔 8 小时以下。为保证自然日光能满足肉兔的生理需要，在建筑兔舍时门窗的采光面积应占舍内地面积的 15％，阳光入射角在 25°～30°。

（4）通风。通风是调节兔舍内温度、湿度和更换空气的主要措施。夏季高温时要加强通风，以利于肉兔散热。寒冷季节减少通风，以利于舍内温度保持相对稳定。每日必要的通风有利于排出兔舍内的废气和有害气体，提供新鲜空气，有效地降低呼吸道疾病的发病率。通风方式有两种：一种是自然通风，适合于气候环境好、饲养密度小的兔场，其兔舍多数为敞开式或半敞开式。半敞开式兔舍在屋顶设置排气孔、两侧墙设置进气孔，排气孔面积为地面积的 2％～3％，进气孔面积为地面积的 3％～5％。另一种为动力通风，多用于集约化兔场，通过通风机抽气或鼓风机送风的方式更换兔舍内空气，通风量为每小时每千克体重 2～3 米³，夏季通风量为每小时每千克体重 3～4 米³，冬季通风量为每小时每千克体重 1～2 米³。

（5）噪声。肉兔是胆小怕惊的弱小食草动物，突然或无规律的噪声均可引起肉兔的不安、乱窜等，也可使怀孕母兔流产、哺乳母兔咬死仔兔等。因此，在兔场的选址、兔舍设计时，须考虑周边的噪声情况，尽可能避免噪声的出现。在日常的生产管理中亦要保持兔舍内安静。

（6）有害气体。兔舍内的粪、尿、饲料残渣及其他有机物质会分解产生氨、硫化氢、二氧化碳等对人和兔有直接毒害作用的气体。这些有毒气体是肉兔发生呼吸道疾病的诱因，也易导致肉兔体质下降，抗病力降低。因而，设计兔舍时要充分考虑兔舍的通风条件，在日常管理中要时时保持舍内清洁、干燥、通风。

5. 为什么南方地区养兔要网上饲养？

南方地区夏季高温、潮湿时间长，建筑兔场须充分考虑防暑降温和防潮通风。无论是小规模副业饲养或大规模专业饲养，在南方地区均要求网上笼养，以利于肉兔的健康生长、饲养管理、配种繁殖和疾病防治。

6. 笼养兔舍的建筑形式主要有哪些？

笼养兔舍的建筑形式主要有如下 4 种。

（1）棚式兔舍（彩图 9）。棚式兔舍也称敞开式兔舍，有屋顶而四周无墙，适宜在炎热高温地区使用。舍内只有兔笼，其优点是防日晒、结构简单、造价低廉、通风良好、管理方便等；缺点是不易保温，兽害严重。

（2）半敞开式兔舍。一面或两面无墙，一般以兔笼的后壁当作兔舍的墙壁。这类兔舍有两种：一种为单列半敞开式（彩图 10），利用 3 个叠层兔笼的后壁作为北墙，南面有墙或无墙，这种兔舍结构简单、造价低廉、通风良好、管理方便等，缺点是不易保温、兽害严重；另一种为双列半敞开式（彩图 11），兔舍的南、北墙均是兔笼的后壁，其优点是兔舍跨度小、单位面积的笼位数高，造价低，夏季通风，冬季比单列半敞开式兔舍保温。

（3）半封闭式兔舍（彩图 12，彩图 13）。这种兔舍四周有墙，靠门窗与外界相通，舍内的通风、换气、光照等全靠门、窗、排气扇、灯光等来调节。其优点是舍内小气候能人为调控；缺点是建筑投资较大，设备要求高，粪尿沟在室内、不利于疾病防治。

（4）全封闭式兔舍。这种兔舍四周有墙无窗，舍内的通风、换气、光照等小气候全靠特殊的装置设备进行自动调节。其优点是舍内小气候能完全人为调控，有利于获得高而稳定的增重率和控制各种疾病的传播；缺点是建筑投资大，设备要求高。这种兔舍主要用于饲养高价值的种兔和试验用兔。

（5）废旧房屋、农舍式兔舍。利用现有废旧房屋、农舍改造成兔舍，进行小规模、副业式养兔生产。首先要对其地面进行改造，夯实地面，铺上水泥，形成一定坡度，便于排水、尿，清扫。其次，改造屋顶、门窗，便于通风和采光。

7. 对兔笼有哪些要求?

兔笼是肉兔生活与活动的场所，其设计合理与否，直接影响到肉兔的健康和生产效益。其设计原则是经济、耐用，便于操作和洗刷，符合肉兔的生理要求。具体来说，要达到以下几点要求。

（1）兔笼大小。一般以肉兔能自由活动为基础，笼长＝成年兔体长×2，笼宽（深）＝体长×1.3，笼高＝体长×1.2。

（2）笼门。笼门要开在兔笼前，可用竹片、粗铁丝或铁丝网等制成，要求笼门便于操作和能防兽害。

（3）笼壁。可用竹片、砖、水泥预制件、铁丝、钢丝等制作，要坚固和耐腐蚀，能经得起肉兔啃咬、消毒剂与兔粪尿的腐蚀。笼壁还要求平滑、牢固。

（4）笼底板。要求兔粪易漏下，肉兔行走方便，便于清洗。笼底板要钉成活动板，能定期取下刷洗消毒。南方地区用竹片制作较为理想，要求竹片光滑，每根竹片宽2.5厘米、间距1～1.3厘米，竹片方向与笼门垂直，以防兔脚形成划水姿势。

（5）承粪板。一般用水泥板制作。在多层兔笼中，下层兔笼的笼顶作为承粪板，要求坚固而不漏水。其前端要突出笼外3～5厘米，后端伸出后壁5～10厘米，向笼后壁倾斜约15°，以使粪尿经板面直接流入沟内，便于清扫。

（6）食槽、草架、饮水器。最好安装在兔笼前或笼门上，做到不开门喂食，节省工时。

8. 兔笼式样主要有哪些?

兔笼形式多种多样，根据建筑材料分，有竹制、木制、砖木结构、水泥预制、金属和塑料兔笼等；按组装、拆卸方式分，有活动式和固定式兔笼。

（1）单层活动式兔笼（彩图14）。框架用竹或木条制成，四周用竹片或铁丝网。这种兔笼制作简单，轻便，可随意搬动，适于室内笼养，但相对占地面积较大。

（2）双联单层活动式、双联多层活动式兔笼。这两种兔笼与单层活动式兔笼结构相似，但它们占地面积较小，造价较低，清洗方便，适合家庭养兔使用。

（3）多层固定式兔笼（彩图 15～19）。一般用砖木结构或水泥预制件组合而成。其笼侧壁、承粪板用水泥板制成，笼后壁用竹片或金属网制成，笼底板用竹片钉成（为活动式，可取出清洗消毒）。这种兔笼坚固结实，使用年限长，专业、规模化兔场普遍使用。建造这种兔笼的缺点是无现成的组件，建造工艺较复杂，建造时间长。

（4）阶梯组合式金属兔笼（彩图 20）。一般用镀锌钢丝制成，十几个笼为一组，放在 2～3 个水平层，上下不重叠，安装固定在金属支架上，一列兔笼由多组相连而成。这种兔笼的优点是空间利用率高，通风良好，可直接向厂商定购，建造安装快，短时间内可投入使用；其缺点是造价高，不耐兔粪尿和消毒剂腐蚀，尤其在南方多雨水地区，易生锈，使用年限较短。

9. 如何配制产仔箱？

产仔箱又称产箱、巢箱，是母兔产仔并给仔兔哺乳的设备，也是仔兔出生至 3 周龄阶段的生活场所。产仔箱可用木板或铁片制作，其底板应有小孔，以利于排尿。在使用时放入兔毛或其他保温垫料。产仔箱通常分内置式和外挂式，当母兔临近分娩时放入笼内或挂在笼外。

（1）内置式产仔箱。有平口产仔箱（彩图 21）和月牙状缺口产仔箱两种。平口产仔箱通常用 1 厘米厚的木板钉制，上口水平，箱底钻一些小孔，以利于排尿和透气；产仔箱较低，以利于母兔跳进跳出。月牙状缺口产仔箱与平口产仔箱相似，但产仔箱高度高于平口产仔箱，在产仔箱的一侧上部留一月牙状缺口，以便母兔进出。这两种产仔箱制作简单，适合家庭养兔场使用。在使用这两种产仔箱时，最好做到母、仔分开：哺乳时将装有仔兔的产仔箱放入母兔笼，让母兔哺乳，哺乳完毕将其移出，放入保温室。这样做虽然花人工多，但可保证仔兔的成活率，特别适合家庭养兔和中小专业兔场。

（2）外挂式产仔箱（彩图 22）。这种产仔箱悬挂于金属兔笼外的前壁，产仔箱与兔笼的对接面各有一个大小适中的缺口相通，方便母兔出入；产仔箱上方有一活动盖板，其形式模拟洞穴环境，顺应母兔的习性。这种产仔箱主要在规模化养兔场使用，其优点是不占笼内面积，管理省时省工，使用方便；缺点是寒冬仔兔不易保温。

10. 经营养兔场有哪些工作?

养兔场要取得良好的经济效益,就要对养兔产业的产前、产中和产后一系列复杂的经济活动和生产劳动进行科学的组织、协调和实施。从人员组织管理、经营方向、生产规模、兔场建设、品种选择、饲料配制、饲养管理、产品销售等各个方面进行科学组织实施,确保养兔场生产能高效持续健康发展。

养兔场的经营和管理内容很多,主要有生产前经营决策,生产中的岗位职责、劳动组织与生产技术措施实施以及生产后的产品服务管理等内容。

11. 在准备办兔场前要做哪些准备工作?

在准备办兔场前要做好如下准备工作。

(1) 可行性调查分析。计划办兔场前,要进行市场、经济投入与产出及技术可行性的调查分析。生产经营要有明确决策,包括经营方向、生产规模、饲养方式等方面的计划安排。

①经营方向。针对准备进入的市场特点,要明确是生产大型肉兔,还是地方优质品种肉兔;是销售活兔,还是初加工产品;以及活兔市场对兔毛色有何消费习惯等。

②生产规模。兔场规划最大存栏量为多少只,第一期饲养多少只,第二期饲养多少只,繁殖种兔、后备种兔、商品兔多少只等应有计划。

③饲养方式。是采取混合精料或全价颗粒饲料为主、青草料为辅的饲养方式,还是采取完全颗粒饲料的饲养方式,要根据生产规模、劳动力使用、投入生产资金来确定。

④产品类型。只生产商品兔、种兔,还是既有部分种兔又有大量商品兔,均要明确。

(2) 养兔场与相关产业的链接。开办养兔场,跟兔舍建筑、兔笼器具采购、饲料与牧草生产供应、粪尿污水处理利用、疫苗兽药采购等诸多行业紧密相关,都要有计划地联系协调好。

12. 如何组织管理好兔场?

组织管理好兔场,必须做好如下工作。

(1) 养兔场岗位职责。要办好养兔场,人是第一要素。只有以人为本,充分调动劳动者的积极性,才能将各项措施落实到位,提高劳动生产率,实现良好的效益。饲养肉兔必须"三心",即用心、细心和耐心。要明确每个岗位的职责,实行经济效益与生产责任挂钩。场长要切实做好养兔的劳动组织、生产安排，做好各种计划，如全年兔群生产计划、饲料计划等。全场各种兔的饲养数量、母兔产仔数、仔幼兔成活率、饲料用量、疾病发生与防治，以及各种成本开支等都要认真检查、记录、总结，做到心中有数。要明确、落实每个技术员、饲养员的岗位职责，才能确保兔场有序高效运作。

（2）养兔场主要技术措施。养兔场要实行技术措施标准化，即兔种良种化、饲料全价化、设备标准化、管理科学化、防疫体系化、培训定期化。

①兔种良种化。种是关键，品种的质量直接关系到商品兔的质量与生产效益。作为规模化、专业化养兔场，除了引进优质种兔外，更重要的是要自己长期坚持选育工作，确保核心群种兔生产性能不断提高、品种不断优化。

②饲料全价化。饲料是物质基础，优质、稳定、成本合理的全价饲料供给是养兔业规模化发展的前提。当前市场上兔全价配合料的缺点是缺少优质的草粉，粗纤维不足，这成为规模肉兔养殖业发展的制约瓶颈。专业化养兔场在采购全价颗粒饲料时必须认真选择，可先购买少量进行一段时间试喂，通过比较后再确定，不能贪求价格低而忽视质量，以免导致更大的损失。对于拥有一定技术和条件的规模兔场可自己配制生产全价料，这样既可控制质量，又可降低成本。

③设备标准化。养兔场的舍笼、水槽等应有一定的规格。专业规模养兔场，使用各种标准设备，能有效提高生产率。

④管理科学化。肉兔个体小、娇气，对病原生物和恶劣环境抵御能力低，饲养管理水平直接影响到兔群的健康水平和兔场的经济效益。在生产管理中，规模专业化兔场要制定出适宜自身情况的规范操作程序，实行科学的经营管理。

⑤防疫体系化。为了预防兔传染病等的传播，须建立一套综合防疫体系。包括引种时的严格检疫、隔离观察，科学防疫接种，兽药的科学使用，人员与环境的清洁消毒等。

⑥培训定期化。养兔业随着生产、科学的发展而发展，其市场、技术等多种因素不断变化，尤其当今科技发展日新月异，对管理者、技术人员和饲养员有计划地、定期地开展生产技术、经营管理等培训，方可使肉兔养殖业持久、健康地发展。

13. 如何做好兔场销售核算工作？

肉兔产品的销售离不开市场。要发展规模肉兔养殖业，必须时时关注和考虑肉兔产品市场，做好生产后续服务管理工作。生产后服务管理主要包括产品销售、经济核算等。

（1）产品销售。养兔场销售的产品主要是活兔，包括种兔和商品兔。销售种兔首先要取得种畜禽经营许可证；其次，出售的种兔须经过选择，符合种用标准的兔才可作为种兔出售；此外，还须按规定提供系谱、防疫等记录档案材料。要跟踪销售出去的种兔的繁殖生产、市场反映情况等，为进一步选育、提高品种性能提供依据。商品肉兔销售只有紧跟市场，了解市场的变化，如市场消费的淡、旺季，才能及时调整、安排生产，取得最佳经济效益。

（2）做好生产经济核算。养兔场经过一季、半年、一年生产后，要进行经济核算。检查生产计划及利润完成情况，做好总结分析工作，找出存在的问题，进行改善提高，以使下一阶段的生产获得更好的经济效益。

五、肉兔营养与饲料

1. 肉兔生长发育需要哪些营养?

肉兔所需的最主要营养有水、能量、蛋白质、粗纤维、脂肪、矿物质、维生素等。

（1）水。水是兔体的重要组成成分，占体重的 70% 以上。其在体内帮助营养物质的运输、消化吸收，参与新陈代谢和细胞与组织的化学作用；在排泄废物、调节体温及组织的渗透压等方面起重要作用，是维持生命、生产产品不可缺少的营养物质之一。

（2）能量。肉兔的生活、生长、繁殖及生产过程中都需要能量。能量是肉兔饲养标准中的重要部分，它决定肉兔的采食量和日粮的营养水平。碳水化合物、蛋白质和脂肪是能量的主要来源。

（3）蛋白质。蛋白质是构成各种结构，如肌肉、血液、内脏、皮毛等的主要成分，又是修补组织、维持生命不可缺少的物质。

（4）粗纤维。粗纤维是植物细胞壁的基本构成部分，是一种碳水化合物，包括纤维素、半纤维素、木质素。肉兔是草食动物，其消化道具有有效地利用植物饲料的生理特点，同时对植物纤维也有生理需要。

（5）脂肪。脂肪是构成机体的重要成分之一，在机体内有着重要作用，为兔机体生长、组织修补、产品生产提供原料，是高分子不饱和脂肪酸、磷脂和维生素溶剂的来源。

（6）矿物质。矿物质是机体器官特别是骨骼和牙齿的重要组成成分。代谢过程中，矿物质在调节血液与淋巴渗透压的恒定、保证细胞获得营养、维持血液酸碱平衡和酶的活化等方面起重要作用。肉兔所需的矿物质主要有钙、磷、钠、氯、钾、镁、硫，以及铁、铜、锌、钴、锰、钼、碘、硒等。

（7）维生素。维生素是一组具有高度生物活性的低分子有机化合物，是维持机体正常生理功能所必需的物质。它们虽不是构成兔机体组织的原料，也不能为兔提供能量，却对兔的新陈代谢起极重要的作用。维生素包括脂溶性维生素 A、D、E、K_4 和水溶性维生素 B 族、维生素 C。

2. 什么是肉兔的饲养标准?

饲养标准就是根据生产实践与科学研究的结果,针对不同年龄、体重、生理状态的肉兔所需营养而做的各种营养物质需要量的系统规定。配合日粮时,以饲养标准为依据,保证日粮中的能量、蛋白质、粗纤维、钙、磷等各种营养物质的平衡,可使肉兔表现出应有的生产性能,又能最经济有效地利用饲料。不同国家所制定的肉兔的饲养标准各有差别,其饲养标准是各国根据其自身的饲养条件和生产水平而编制的。肉兔饲养标准不是一成不变的,因不同地区饲料品质、自然条件、饲养管理水平等差异而不同。在实际生产中,应结合当地实际情况,适当修改并检验制定的需要量。

3. 自行配制肉兔日粮时要考虑哪些因素?

肉兔日粮是指一只肉兔一昼夜所采食的饲料量。肉兔的日粮配合是根据其不同生理阶段,依据饲养标准,选择多种的饲料原料,评定它们的营养价值后,科学地规定混合比例,制成全价饲料。

因不同地区饲料原料的品种和品质不尽相同,饲养管理条件也有差别,因此配制的全价日粮也不尽相同。但在配制时应考虑以下因素。

(1) 应符合肉兔的饲养标准,满足其对各种营养物质的需要。

(2) 肉兔的日粮应由多种饲料组成。

(3) 日粮中粗、精比例要适当。粗、精料比例要求为:育成兔1∶1,成年兔为7∶3,妊娠、泌乳母兔为1∶1。

(4) 要注意饲料的适口性和消化特点。饲料适口性顺序由好至差为:青饲料、根茎类、潮湿碎屑状软饲料、颗粒料、粗料、粉料。

(5) 要注意采食量,避免日粮容积过大、营养不足。

(6) 选择饲料要考虑经济原则。

4. 什么是必需氨基酸和非必需氨基酸?

蛋白质的基本单位是氨基酸。氨基酸分必需氨基酸和非必需氨基酸。必需氨基酸指不能在体内合成,或合成量不能满足机体需要的氨基酸,需从饲料中获得,这些氨基酸有蛋氨酸、精氨酸、赖氨酸、组氨酸、亮氨酸等9种。非必需氨基酸指兔机体能自我合成,且能满足需要的氨基酸,如丙氨酸、谷氨酸、天冬氨酸等。因此蛋白质的质量取决于氨基酸的含量和种类,含量越高、种类越全面,蛋白质的利用率就越高。为提高饲料中的蛋白质的利用率,生产中须采用多种饲料配合,使各种必需氨基酸互相补充。研究显示,饲料日粮中含赖氨酸 0.65%、蛋氨酸与胱氨酸 0.6%、精氨酸 0.6%，即可满足肉兔的生长需求。

5. 肉兔每天需水量是多少？从哪儿来？

肉兔的饮水量与气温、体重、年龄、生理阶段和饲料类别等因素有关。每只肉兔每千克体重平均需水量为 120 毫升，在气温 18～20℃ 时肉兔需水量为其所食干饲料量的 2～3 倍，而生长期幼兔和哺乳母兔为其所食干饲料量的 3～5 倍。因此，在日常饲养管理时，要保证供给充足的清洁饮水，尤其在夏秋季节、缺少青草和母兔分娩后等时期，应及时供给饮水。

肉兔所需水分来源主要靠饲料和饮水。各种饲料均含有水，但饲料种类不同，其含水量差异很大。青鲜草料含水可达 70% 以上，多者可达 95%；全价颗粒饲料含水量一般在 12% 以下，有些干饲料含水量更少。因此，单靠饲料中的含水，并不能满足肉兔不同阶段的生理需求，每天要保证有充足的饮水供给。

6. 肉兔对能量的需要量是多少？

试验显示，兔维持正常生活需要的能量为每千克配合饲料含 8.79 兆焦消化能。生长兔每千克配合饲料含 10.46 兆焦消化能，即可满足生长的需求；怀孕及哺乳母兔每千克配合饲料必须含 10.46～12.12 兆焦消化能。

若日粮中能量过高，小肠来不及消化吸收，多余物质进入大肠，易出现异常发酵而引发消化道疾病。若日粮能量过低，肉兔可通过增加采食量来补偿对能量的需求，但会受到消化道容积的限制而无法得到满足。对母兔来说，若能量过高，易导致过肥，泌乳功能降低，胚胎死亡率增加；而能量过低，常使母兔消瘦，出现受胎率低、仔兔死亡率高等现象。

7. 为什么肉兔日粮中蛋白质含量不能过高或过低？

若日粮中蛋白质不足，不利于肉兔的健康和生产性能的发挥。若日粮蛋白质水平过高，不仅造成浪费，而且还会因在小肠消化不充分的蛋白质大量进入盲肠和结肠，导致那里正常的微生物区系混乱。非营养性微生物，尤其是魏氏梭菌等病原微生物大量繁殖，会产生毒素，引起腹泻，导致兔死亡。因此，蛋白质供给应控制在适当水平。兔日粮中适宜蛋白质含量为 17%（16%～19%）。不同时期的肉兔蛋白质的需要量为：生长兔 16%，妊娠母兔 15%，哺乳母兔 17%，空怀母兔 14%。

8. 为什么肉兔日粮中必须有适量的粗纤维?

肉兔是草食动物,其消化道具有有效地利用植物饲料的生理特点,同时它对植物纤维也有生理需要。一方面,粗纤维中的纤维素、半纤维素在兔的消化道内经微生物作用,部分被消化吸收,为肉兔提供能量;另一方面,未被消化的粗纤维对肉兔的肠黏膜产生一种刺激作用,可促进胃肠的蠕动和粪便的排泄。适量的粗纤维有利于兔体内各种微生物的共生,保持食糜正常稠度,控制其通过消化道的时间,同时也是形成硬粪所必需的。因此,为了维持肉兔消化道的正常功能,日粮中必须含有适量的粗纤维。试验结果表明,当兔日粮中粗纤维的含量低于6%时会引起腹泻,建议兔日粮中粗纤维的含量为:幼兔10%~12%,成年兔14%~17%。

9. 肉兔日粮中缺乏必需的脂肪酸会有哪些不良影响?

兔日粮中缺乏必需的脂肪酸,会导致幼兔生长发育不良、掉毛、皮肤干燥,公兔生殖功能衰退,母兔泌乳减少等。肉兔对动物性脂肪利用较差,对植物性脂肪利用较好。日粮中含3%~5%的脂肪有助于提高饲料的适口性,但含量过高,常引起腹泻。

10. 肉兔日粮中钙、磷需多少?

虽然矿物质在兔日粮中用量少,尤其微量元素用量极少,但却不可缺少,在配制日粮时要科学补充。配合日粮中含钙0.3%、磷0.22%、食盐0.5%,即可满足生长需要;泌乳母兔日粮要求含钙0.75%、磷0.5%。

11. 为什么肉兔所需维生素大多要从饲料中获得?

肉兔所需的维生素有些可在体内合成,如肉兔盲肠微生物能合成B族维生素和维生素K,因而肉兔通过食软粪,能满足对大部分B族维生素的需要。又如维生素D,在光照下,机体能利用胆固醇转化而成。但绝大多维生素需依靠饲料提供。

12. 为什么不能用霉变饲料来喂兔?

霉变饲料中含有曲霉毒素、青霉毒素、镰刀菌毒素和其他霉菌毒素,不同的霉菌毒素可对肉兔的各类器官和系统,如肝脏、肾脏、神经系统、生殖系统、心脏和血液等,有着不同程度的损伤。肉兔对霉菌毒素特别敏感,一旦发生霉变饲料中毒,往往突然大批量死亡,且不分老幼、强弱。兔霉变饲料中毒在临床上表现神经症状、腹胀腹泻，怀孕母兔流产等。因此不能用霉变饲料来喂兔。

13. 肉兔可利用的饲料种类有哪些?

饲料是肉兔生长发育、繁殖和生产优质产品的物质基础。充足、优良的饲料是肉兔生产的根本保证。肉兔是草食动物，可利用的饲料种类繁多，按其来源和性质可分为植物性饲料、动物性饲料和矿物质饲料三大类。

（1）植物性饲料。这类饲料来源丰富，主要包括青绿饲料、稿秕饲料、多汁饲料和籽实饲料，其主要成分是碳水化合物，是广大农户饲养肉兔的主要饲料来源。对那些完全使用全价颗粒饲料的专业、规模化养兔场来说，在种兔的一些生理阶段，如种公兔的配种高峰期、母兔哺乳期，投喂一些青绿、多汁饲料极有利于其繁殖性能的充分发挥。

①青绿饲料。一般鲜嫩的青绿植物，除有毒植物外，均可作为肉兔的青饲料。其种类繁多，包括各种新鲜野草、栽培牧草、青刈作物、菜叶、水生植物、树叶等。这类饲料特点是体积大、含水量高、维生素丰富、蛋白质品质好、粗纤维多、营养全面、适口性好，肉兔喜吃，消化率高。

这类饲料在我国南方地区几乎全年都有，春、夏、秋季节产量高，冬季相对缺少，可人工种植一些牧草进行调节。当前在福建省种植的牧草主要有杂交狼尾草、一年生黑麦草、苜蓿草等。因这类饲料所含能量、蛋白质较低，在饲养时不能只喂这类饲料，要适当补充精饲料和矿物质饲料。此外，因这类饲料易受泥土等各种物质的污染，且含水量高不易保存，故在采集和使用时要求清洁，摊开晾干后才能投喂，并且要控制投喂量。

②稿秕饲料。指农作物在籽实成熟收获后所剩余的副产品，包括农作物的茎叶、种子外壳、荚壳、瘪籽等，如稻草、麦秆、花生藤、豆藤、谷壳糠等。这类饲料的特点是纤维含量高（30％～55％），尤其是木质素、硅酸盐含量高（12％～35％），但营养价值低、适口性差、消化率低，大量进食极易引起肠炎性腹泻，必须控制投喂量，建议其占日粮含量的15％以下。

③多汁饲料。指富含汁的块根、块茎、瓜类等饲料，其特点是含水量高（75％～90％），干物质少，且其适口性好，肉兔喜吃，如胡萝卜、地瓜、马铃薯、南瓜等。这类饲料能促进母兔的发情，提高受胎率，促进乳汁分泌，但要控制投喂量，每只每天300克以下。

④籽实饲料。指植物籽实及其加工后的副产品，如玉米、大麦、小麦、稻谷、燕麦等。其特点是体积小、营养价值高、适口性好。使用时要多种配合，用量科学，最好用信誉好的专业饲料企业生产的全价饲料。

（2）动物性饲料。指动物的肉、骨、乳及其加工副产品，如鱼粉、肉骨粉、血粉、乳粉、蚕蛹、羽毛粉等。其特点是体积小、营养价值高，尤其是蛋白质含量高（25%～85%），富含钙、磷、维生素 B_{12}、维生素 D 等。这类饲料，加工工艺要求严格，同时必须按科学的饲料配方使用。

（3）矿物质饲料。指添加了矿物质的饲料。研究结果表明，肉兔生长发育需要十几种矿物质元素。在一般饲养条件下，需要较大量补充的矿物质主要有钙、磷、钠、氯等。矿物质饲料有骨粉、贝壳粉、磷酸氢钙、食盐等。通常食盐用量 0.5%，钙、磷比 2∶1。广大农户饲养肉兔以青草料为主时，须补饲全价饲料，才能满足肉兔对矿物质的需要。

14. 农家养兔采用哪种饲养方式好？

农家养兔可选择以青草料为主、混合精料为辅的饲养方式。这种饲养方式生产规模小，能够充分利用丰富的青草和劳动力资源，可就地取材，成本低，适于广大农家养兔户采用。

15. 小规模兔场采用哪种饲养方式好？

小规模兔场可采用以混合精料或全价颗粒饲料为主，青草料为辅的饲养方式。这种饲养方式生产规模中等，需要一定的劳力，并要求当地具备优质青草料。在饲喂混合精料的基础上，肉兔又可长期吃到优质青草料，这有利于保持肉兔营养平衡和降低成本。我国的小规模或农家专业养兔场多采用这一饲养方式。

16. 饲养肉兔完全采用颗粒饲料有哪些优缺点？

饲养肉兔完全采用颗粒饲料，其优点是能达到较大生产规模，劳动力使用少，生产能力强，全年营养保持均衡供给，饲喂方便，节省人力，饲料浪费少，适于集约化生产。但其饲料成本高。

17. 如何开辟兔饲料资源，降低饲料成本？

我国目前和未来较长的时期内，制约兔业生产发展的主要因素是牧草饲料资源，因此开辟兔饲料资源，降低饲料成本，是提高养兔经济效益的关键措施。

（1）因地制宜，种植牧草。根据生产规模，在兔场附近建立牧草基地，种植高产优质青绿牧草等饲料作物，以提供能量、蛋白质和粗纤维饲料。

（2）充分利用农作物、野生饲料。肉兔是食草小动物，适合在我国广大农村开展农户、中小规模专业户养殖。我国是个农业大国，人多、地少、粮食不足，在广大农村发展以青粗料为主，适当搭配精料，充分利用农作物副产品和野生牧草资源，是降低饲料成本的有效途径。

①充分科学利用农作物副产品。我国农村种植的农作物种类丰富，数量多。在南方地区，收获后的农作物副产品有稻草、花生藤、甘薯藤、豆秆、各类蔬菜叶等，但这些副产品蛋白质缺乏、维生素和矿物质不足，粗纤维和水分含量高，只有科学合理利用，才能被肉兔消化利用。

②采集野生饲料。我国南方气候温和、降雨充沛，各种野生植物种类繁多，资源丰富。可作兔青粗饲料的有野草、野菜、树叶等，如马尾松、毛竹、胡枝子、盐肤木、桑叶、葛藤叶、五节芒、野古草、鸭嘴草、雀稗、马唐、牛筋草、狗牙根、画眉草等野生植物。

18. 适于种植的牧草品种有哪些？

适于种植的主要牧草品种有以下 3 种。

(1) 紫花苜蓿（彩图 23）。系牧草之王，其粗蛋白质含量高达 20% 以上。在南方地区，多数兔场每年秋末冬初种植，春天和夏初收割，越夏率低，目前仅作一年生牧草来种植利用。

(2) 杂交狼尾草（彩图 24）。属于禾本科狼尾草属多年生草本植物。喜温暖湿润气候，日平均气温达到 15℃ 以上时才开始生长，25～30℃ 时生长最快，气温低于 10℃ 时生长受到明显抑制。该草对土壤要求不严，以土层深厚、保水良好的黏质土壤为佳。杂交狼尾草有强大的根系，抗倒伏、抗旱又耐湿。

(3) 一年生黑麦草（彩图 25）。属于温带禾本科优质牧草，疏丛型，株高 80 厘米，叶片繁茂并呈深绿色。营养价值及消化率高、适口性好，肉兔喜吃。适于气候温暖湿润地区栽培，在我国广泛种植。我国南方各地可以利用冬闲农田、池塘周围以及沟渠边等水肥条件良好的地方种植，秋末适时播种，冬、春季刈割利用。

19. 在南方如何种植紫花苜蓿？

种好紫花苜蓿，必须做好以下工作。

(1) 整地。草地应选择地下水位在 1 米以下、土壤肥力相对较高、pH7～9 的土地，并最好有水源可供浇灌。紫花苜蓿种子细小，准备播种的地块要求精细平整。整地质量与耕层土壤含水量有着密切的关系，耕地要适时掌握好墒情，蓄水保墒，消灭杂草，这样就能在耕后耙碎土块，整平地面，达到播种要求。耕地深度应在 20 厘米左右。每 1/15 公顷（1 亩）用过磷酸钙 15～30 千克，对于酸性土壤（pH4.5～5.5）每 1/15 公顷（1 亩）撒施熟石灰 15～30 千克，有机肥（最好是腐熟的厩肥）施用量每 1/15 公顷（1 亩）1000～1500 千克。无论是磷肥还是石灰，须撒施均匀，且须在整地前进行，待整地后才可播种。

（2）播种。播种一般分为春播和秋播，有时也采用临冬寄籽播种。适宜种子发芽和幼苗生长的土壤温度为 10～25℃。每 1/15 公顷（1 亩）播种量为 1～2 千克，播种深度为 2 厘米左右。播种时最适的土壤含水量为田间持水量的 75％～80％。宜采用条播，行距为 20～40 厘米。为了增加根系的结瘤量，提高根瘤固氮效率，播种前应对种子或土壤接种苜蓿族根瘤菌，尤其是初次种植时，更要接种根瘤菌。播种时用细沙、干土粉或火烧土等将原种量扩大 6～8 倍后再行播种。播种要均匀，播后覆土 0.5 厘米厚。

（3）管理。在播种后 15～20 天，检查发芽整齐度和均匀度。如发现漏播、过稀要及时补播。地力不均或播种过密常引起苗期生势不一，出现黄苗、弱苗。每 1/15 公顷（1 亩）撒施尿素 5～6 千克，播种不均的须移栽或拔除后再施肥。苗期要预防病虫害发生。紫花苜蓿苗期生长较为缓慢，有近 1 个月的时间以根系生长为主，地上部分生长量很少。此时最容易受到杂草的危害。播种前最好对土壤中的杂草及其种子进行一次清除，苗期可采用选择性除草剂进一步抑制杂草。紫花苜蓿种植成功后，其再生速度较快，能依靠自身的遮阴能力抑制杂草生长；同时，通过不断的刈割，也能有效抑制一年生杂草的繁殖。

（4）刈割。当草高 40～50 厘米时，进行第一次刈割，然后进行一次杂草防除，并结合灌水施入追肥。追肥以磷钾肥（如过磷酸钙）为主，每 1/15 公顷（1 亩）施用量一般为 25～30 千克。虽然根瘤可以固定空气中游离的氮，但在幼苗期间，根瘤数量不多，因此仍需增施氮肥。播种前施足氮肥，对幼苗的生长发育非常有利，长大后则不需多施氮肥。在微量元素中，苜蓿对硫、硼和钼的需求较为敏感。增施这些微量元素，可以增加草量，提高苜蓿成活率和蛋白质含量，并使植株健壮。

20. 如何种植和利用杂交狼尾草？

种好杂交狼尾草，必须做好以下工作。

（1）整地与施肥。栽培杂交狼尾草以土壤肥沃、土层浓厚、排水良好的壤土为佳。适时翻耕，耕深 20 厘米以上。1/15 公顷（1 亩）施 2000 千克厩肥作基肥。

（2）播种。杂交狼尾草以春栽为宜，南方地区以每年清明前后种植最好。选择茎秆粗壮、节间短、完整无损的绿色植株作种茎，每段 2～3 节，底部朝下斜插土中，行株距 60 厘米×60 厘米。

（3）管理。栽后 1 周内要保持土壤湿润。杂交狼尾草只有在高氮肥的情况下，才能充分发挥其生产潜力。每次刈割后，每 1/15 公顷（1 亩）施用纯氮（化肥）6～10 千克、有机肥（厩肥）1000～2000 千克，才能获得较大的增产效果。

（4）刈割。杂交狼尾草使用期较长，从 4 月中旬直至 10 月底前后均可供应鲜草。其干草粗蛋白含量 9.95%，可青喂，亦可青贮。青割饲喂肉兔，最好在株高 0.5～0.6 米时刈割，适口性较好。一般全年可刈割 8～10 次。

21. 怎样种植一年生黑麦草？

种好一年生黑麦草，必须做好如下工作。

（1）播种。一年生黑麦草种子在 13～20℃时萌发速度最快。利用冬闲农田种植时，可在晚稻收获后翻耕撒播，即在水稻收获后深耕翻土，按幅宽 1.5～2 米起垄，按每 1/15 公顷（1 亩）0.7 千克的播种量撒播或按行距 20～30 厘米条播。播种后镇压一次，使种子与土壤紧密结合，然后灌水保持湿润。

（2）管理。一年生黑麦草对氮肥的反应非常敏感，施肥并结合灌水，可以大大地提高其产量和质量。播种前一定要施足基肥，一般每 1/15 公顷（1 亩）施有机肥 2000～3000 千克。出苗后还要进行追肥，一般在三叶期和分蘖期各追肥一次，每 1/15 公顷（1 亩）施 5～10 千克尿素或复合肥。以后每次刈割后再追肥一次，每 1/15 公顷（1 亩）施 10～15 千克尿素或复合肥。

（3）刈割。当草高 40～50 厘米时，进行第一次刈割。以后每隔 25～30 天刈割一次，留茬高度 5～6 厘米。鲜草可直接喂兔、青贮或调制干草。为了不影响早稻生产，一般在早稻插秧前 15 天左右将一年生黑麦草犁翻并放水沤田（最好在割草后 5～7 天犁翻），在犁地的同时每 1/15 公顷（1 亩）施入 15～20 千克石灰，以加快草根和草茬转变成有机质的速度，利于后作水稻的正常生长发育。

22. 怎样利用稻草养兔？

稻草在南方农区是主要的农作物副产品，每年产量上亿吨。其木质素、硅酸盐含量高（12%～35%），营养价值低、适口性差、消化率低，进食量多了极易引起肠炎性腹泻，必须控制投喂量。作为兔的粗饲料时，应将其制成草粉，按 8%～12% 添加。

23. 花生藤、豆藤在肉兔饲料中占多少比例合适?

花生藤、豆藤营养价值比稻草高,但其粗纤维含量高,饲喂量也要控制。一般花生藤、豆藤制成粉,按 20%～25%添加。

24. 蔬菜叶饲喂肉兔每天用量多少合适?

各类蔬菜叶是肉兔喜吃的青绿饲料,但其含水量高,饲喂过量易引起兔腹泻。饲喂前要求将新鲜清洁的各类蔬菜叶摊开晾干至发软时饲喂,每天喂量控制在 500～800 克,每次 400～500 克。

六、肉兔饲养管理

1. 肉兔饲养的基本原则是什么?

饲养肉兔,必须遵循以下基本原则。

(1)以青草料为主,精料为辅。肉兔是草食动物,应以青草料为主,营养不足部分用精料加以补充。即使是用全价颗粒饲料,其饲料中优质草粉含量也要占 30%～40%。肉兔采食青饲料量为体重 10%～30%,其余用精料补充。精料投喂量根据不同品种和生理阶段而定,一般日投喂量 100～150 克。

(2)合理搭配,饲料多样化。肉兔生长快,繁殖力高,机体代谢旺盛,需要充足的营养。因此,肉兔日粮要用多种饲料组成,并根据饲料所含养分,取长补短,合理搭配。投喂多种饲料搭配的日粮,不仅有利于肉兔的生长发育,也有利于营养互补,提高饲料利用率。如玉米蛋白质中赖氨酸、色氨酸缺乏,而豆类蛋白质中这两种氨基酸含量较多,两者配合使用可实现氨基酸互补,提高蛋白质的利用率。投喂青草饲料也要多样化,既可达到营养互补的目的,又可提高适口性和利用率。

(3)饲喂定时,饲料定量。每天要固定喂饲次数和时间,促使肉兔养成良好的进食习惯,有规律地分泌消化液,促进饲料的消化吸收。定量就是根据肉兔在不同生理阶段、季节等特点,定出每天饲料喂量。肉兔比较贪吃,如任其自由采食或投喂不定量,常造成采食过量(幼兔采食过量现象更常见),从而引起消化不良、鼓胀、腹泻,甚至死亡。

(4)调换饲料,逐渐过渡。饲料要保持相对稳定,夏季以青绿饲料为主,冬季以干草和块根多汁料为主。青绿饲料的供给随季节变化而变化,全价颗粒饲料也会随生产企业或市场的变化而有所变化。无论是改变青绿饲料还是全价颗粒饲料,都要逐步过渡,先更换 1/3,过两三天再换 1/3,再过两三天才全部更换,以使肉兔的消化功能逐渐适应变换的饲料。若突然改变饲料,容易引起肉兔食欲下降,甚至引发胃肠道疾病,如肠炎、腹泻等。

(5)确保饲料品质,认真调制或选购饲料。在投喂青绿饲料时,要求饲料新鲜、清洁、优质,不喂腐烂、发霉、污秽的饲料;含水量高、带雨水和露水的草要阴干后再喂。购买饲料，要选择信誉好的专业饲料厂生产的产品；存放精料、颗粒饲料要选择通风干燥、防潮的地方。提供优质、安全的饲料是肉兔生产取得良好经济效益的基本保证。

（6）添喂夜草。肉兔仍保留野生时具有的昼伏夜行的习性，晚上要给兔多喂草料，供其夜间采食，这有利于肉兔的健康生长发育。

（7）注意供水。保证供给清洁、充足的水分，是肉兔日常饲养管理的基本要求。兔笼内每天 24 小时都要有水，最好采用自动饮水装置。一般生长发育旺盛的幼兔、妊娠母兔、产仔前后母兔、哺乳母兔，以及在夏天、喂颗粒料等情况下，肉兔都会加大饮水量，要及时供给。

2. 肉兔日常管理要做好哪些工作?

肉兔日常管理要做好以下工作。

（1）注意卫生、保持干燥。肉兔抗病力相对较弱，喜爱清洁、干燥、卫生，怕潮湿、污秽。在日常管理中必须每天打扫笼舍，清除粪便，保持兔笼舍清洁干燥、通风换气；用具定期洗刷消毒，使病原微生物无法孳生，这是增强兔的体质、预防疾病的必要措施。

（2）保持安静、防止骚扰。肉兔胆小怕惊，听觉灵敏，稍有骚动，便惊慌失措，乱窜不安。要求在日常管理时动作轻巧，保持安静。

（3）注意防暑、防潮、防寒。肉兔怕热，舍内气温超过 25℃ 就会影响肉兔的食欲和繁殖，因而夏季要做好防暑工作。肉兔怕潮湿，雨季雨水多，湿度大，不利肉兔的生长发育，易发病。尤其在南方地区，夏季高温时间长，雨水多，特别要做好防暑、防潮工作。冬季低温对仔兔、幼兔生长发育影响明显。南方地区的早春低温潮湿气候，对仔兔和刚断乳的幼兔威胁大，要及时加强保温防潮工作。

（4）分群管理。肉兔因生长发育、性别、年龄等差异，个体间、性别间表现出强弱。如不及时将强弱、公母分开，以大欺小、以强欺弱、公母早配滥交等现象难以避免。为保证兔健康生长，便于管理，对兔群要及时按生产方向、年龄、性别、强弱等进行分群喂养。一般仔兔断乳上笼时，按个体强弱、大小进行第一次分笼饲养；在 2 月龄时按性别、个体强弱、大小进行二次调整；进入育成阶段初期（3 月龄），种兔进行单笼饲养，商品兔按每平方米 18～20 只密度饲养。

（5）让兔适当运动。肉兔长期笼养，体质较弱。运动能促进肉兔新陈代谢，增进食欲，增强抗病力。同时运动时沐浴阳光可促进兔机体内维生素 D 的合成。尤其准备留作种用的后备兔、种用公兔和母兔，更需适当运动，以促其生长发育，增强体质，增强性功能，提高繁殖力。一般每周运动 1～2 次，每次 1～2 小时。每平方米可供 1 只公兔，或 3～5 只母兔，或 3～5 只后备兔运动。

3. 为什么肉兔饲喂含水量多的青草料或蔬菜叶容易引起腹泻?

因肉兔所饮用的洁净清水是以自由水的方式进入肠道，它能较快通过肠黏膜进入肠毛细管而被吸收，适量饮用不会引起腹泻；而青草料或蔬菜叶中所含的水以结合水的方式在植物细胞内，这种结合水不能像自由水那样直接被吸收，要通过对植物细胞的消化才能吸收利用。当肉兔食用含水量多的青草料或蔬菜叶过多时，这种结合水来不及被消化吸收，直接通过肠道排出体外，就可能导致腹泻。

4. 为什么肉兔应该限制饲养?

肉兔具有独特的消化器官和消化特性，若不采用限制饲养，而让它自由采食的话，因其贪吃，尤其是青、壮年兔，往往采食过量，这样盲肠微生物群来不及对其内容物进行发酵，容易导致腹胀或腹泻等消化不良疾病发生。

5. 如何简单判断每餐给肉兔投喂饲料量是否合适?

每餐给肉兔投喂饲料量通常只要求够肉兔吃七八分饱，中型兔每只一般一餐 50 克左右。如何简单判断是否达到此要求呢? 一般投喂饲料后，兔只若能在 20 分钟内吃完，说明达到要求；若 20 分钟以上仍没有吃完，说明偏多，要检查原因，并适当减少投喂量。

6. 为什么说饲养肉兔必须"三心"，而不要"二意"?

饲养肉兔，所谓"三心"是指用心、细心、耐心。

（1）用心。肉兔娇气，对病原微生物和恶劣环境抵御能力低，在建筑兔场、制定日常饲养管理程序、饲料供给、疫病综合防治等各方面均要想尽办法来满足其生理特点和活动规律要求，用心地去做每一项工作，解决各种问题。

（2）细心。在肉兔日常饲养管理中，要细心观察兔群的动态，如察看兔的神态、食欲、粪便、尿液等，发现异常情况时及时寻找原因，采取相应措施。

（3）耐心。对日常饲养管理工作和某些疫病防治要耐心对待，如对母兔配种、仔兔哺乳、球虫病防治等工作均要有耐心。

在饲养肉兔过程中，绝不要"二意"。

（1）不要随意突然改变精料、粗料的品种，饲喂量和饲喂时间，以免引起腹泻病暴发。

（2）不要随意使用抗生素。当兔群出现死亡时，尽快了解周边兔病发生、流行情况，及时向兽医人员请教，找出死亡原因，采取正确措施，减少损失，避免随意使用抗生素。

7. 怎样养好公兔？

种公兔饲养的水平，直接关系到繁殖效率和后代生产性能。俗话说："公兔好，好一坡；母兔好，好一窝。"对种公兔的要求为：生长发育良好、体格健壮、性欲旺盛、膘情中等。

（1）饲养要求。饲料品种多样、营养全面、适口性好，每天投喂500～700克青绿饲料。平时饲料中等营养水平，粗蛋白质含量16％～17％，每天精料80～100克；配种期要求饲料中上水平，粗蛋白质含量17％～19％，每天精料100～150克。注意补给钙及维生素A，钙、磷比例为(1.5～2)：1。

（2）管理要求。公兔3月龄时开始单笼饲养；每周1～2次、每次1～2小时进行笼外运动、晒太阳活动。公兔笼要比母兔笼相对宽敞，公兔笼与母兔笼要有一定的相隔距离，以免异性刺激，影响公兔性欲。公兔笼要勤打扫，勤消毒，保持清洁卫生。配种时将母兔置公兔笼内，配种频率一般每天1～2次，配种2～3天后休息1天。配种完毕要及时做好配种记录。

8. 怎样才能长期保持种公兔的性欲？

因种公兔在生产中起着极其重要的作用，只有保证种公兔的良好性欲，才能形成稳定的兔群。

（1）供给全价营养。种公兔的精子在形成过程中要不断地吸收养分，所以种公兔的营养供给要全面、均衡，供应饲料在品种上要稳定。蛋白质、无机盐、维生素的补给非常重要，如适量补给泡好的黄豆、豆饼、胡萝卜、青草、骨粉等。

（2）让其充足休息，适当运动。日常应为种公兔创造一个安静的生活环境，公、母兔笼应有一定距离，避免因异性刺激而影响休息。在休息好的基础上，定期安排运动。运动能使种公兔身体强壮，激发其性功能，从而产生强烈的交配欲。

（3）合理使用。在交配次数上，壮年种公兔每天可配种2次，即配1只母兔，包括初配和复配，之后休配3天，这样受孕率较高。频繁使用种公兔会造成母兔受孕率降低；但是如果长期不配种，也易造成种公兔身体过肥，性欲下降，所以应合理安排种公兔配种。

（4）特殊情况下的管理方法。种公兔在换毛期，不仅要适当地增加营养，还要减少配种次数。另外，在我国北方寒冷的季节或种公兔体况较差时应少配，有病时不配。

9. 怎样养好怀孕母兔？

母兔怀孕期一般为 30 天，这一阶段在饲养上要提供足够营养。怀孕母兔营养需求量相当于平时的 1.5 倍。要求日粮中粗蛋白含量 18%～19%，消化能 11.3 兆焦/千克，粗纤维 13%～14%；临产前 1～2 天多给优质青料，相应减少一些精料，要求粗纤维含量 14%～17%。

在管理上做好护理工作，防流产，防惊吓。摸胎时要轻抓轻放。对怀孕母兔要做好分娩和产后的护理工作。怀孕母兔在临产前 1～2 天会自行拉腹毛、衔草筑窝，因此，在母兔分娩前 1～2 天须将消毒好的产仔箱放入笼内。若是外挂式产仔箱要及时挂好，箱内铺上清洁柔软的干草。对那些不会拉毛的母兔要进行人工拉毛。

10. 怎样养好哺乳母兔？

母兔自分娩到仔兔断乳这一时期称哺乳期，一般 30～35 天。哺乳母兔不但要保证自身机体的正常健康，还必须保证泌乳。这时期哺乳母兔的饲养管理水平对母兔和仔兔的健康都有很大的影响。

在饲养上须喂给哺乳母兔易消化、营养丰富的饲料，产后头 3 天多喂一些新鲜青草料，少些精料，然后适量增加精料。整个哺乳期要增加饲料量，保证供给足够的能量、蛋白质、矿物质和维生素。每天多喂些多汁青草，防止乳汁浓稠。每天保证供给充足饮水。

在管理上要做好母兔的哺乳辅助工作，最好采用母兔与仔兔分开饲养、定时哺乳的方法，即平时仔兔关在产仔箱，哺乳时将产仔箱放入母兔笼内哺乳。若是外挂式的则将产仔箱门打开，让母兔进入产仔箱哺乳。哺乳时间通常安排在早晨，母兔吃饱早餐后进行哺乳。一般每天哺乳 1～2 次，每次 10～15 分钟。管理哺乳母兔要细心周到，每天清扫兔笼，保证兔笼清洁干燥，同时要洗刷饲具，定期消毒。要经常检查母兔的乳房、乳头，防止乳房炎发生。做好夏季的防暑和冬季的保暖工作。

11. 怎样养好空怀母兔？

空怀母兔是指从仔兔断乳到再次配种怀孕这一阶段的母兔，也称休产母兔。空怀母兔在哺乳期消耗了机体内大量的养分，身体较瘦弱。为了尽快恢复体能，满足下一次正常发情、配种和怀孕的需要，须提供营养全面的适量精料，多喂一些青绿、多汁饲料，膘情控制在中等水平。经常检查观察，发现发情时及时配种，通常断乳后休产 10～15 天就可配种。

12. 怎样养好睡眠期仔兔?

仔兔睡眠期是指从仔兔初生到 12 日龄这一时期。睡眠期要求产仔箱适宜温度为 30～32℃，初期温度稍高些，随着日龄的增加，可逐渐下降。保证仔兔出生 6 小时内吃足初乳。哺乳次数为每天 1～2 次。有些母兔产仔多，有些产仔少，要对仔兔进行调整寄养，每窝以 6～8 只为宜。根据母兔产仔和泌乳情况，将大窝中过多的仔兔调转给仔兔少的母兔寄养（两窝仔兔的产期要接近，不超过 1～2 天）。母兔产后死亡，或者母兔需连续配种繁殖时，要全窝寄养。若无适当母兔寄养，可采用人工调制的人工乳喂养。在管理上要求保持产仔箱干燥与卫生，定期消毒，防鼠害，保持兔舍良好的通风条件。

13. 怎样养好开眼期仔兔?

仔兔开眼期是指从仔兔开眼到断乳这一时期，即 13～35 日龄。开眼后的饲养管理，要求环境适宜温度 25～30℃，随着日龄的增加，逐渐降低产仔箱温度，降至室温为止。补料开食期为 16～18 日龄，初期以吃母乳为主，补料为辅；25 日龄后，则逐渐过渡到以补料为主，母乳为辅，直到断奶。少量多餐，均匀饲喂，逐渐加量。在管理上要保持产仔箱内清洁、干燥，训练仔兔舔咬乳头饮水器饮水。仔兔 28～30 日龄时，若全窝仔兔生长发育均匀，体质强壮，可采用一次断奶法；否则，采用分期断奶法。仔兔断乳时即可离开产仔箱，移至幼兔笼，逐步过渡到幼兔管理阶段。仔兔上笼后仍要做好防寒保暖工作。

仔兔饲料最好选用全价、平衡、适口性好、易消化的碎粒料及幼嫩、新鲜、易消化、含水少的青草料。随着仔兔日龄增加，逐步过渡到幼兔料。断乳日进行称重分群，强弱仔兔分群饲养。如需选种，在 30 日龄哺乳结束时可进行第一次选种，选择发育正常、健康活泼、体重和外貌特征达到品种标准要求的兔留作种用后备兔，选留公、母比例为 1∶（20～25）。

14. 导致仔兔死亡的主要原因有哪些?

导致仔兔死亡的主要原因有如下 10 个。

（1）冻死。仔兔出生 7 天以内最容易冻死。一方面因仔兔出生 7 天内体表被毛刚长出，短而稀疏，自身保温能力差；另一方面母兔多数在夜晚分娩，若无人值班，母兔在产仔箱外产仔，或母兔尿湿仔兔，或因母兔泌乳不足，仔兔吊住奶头而被带到产仔箱外，很容易导致仔兔冻死。

（2）鼠害。仔兔出生 7 天内容易遭鼠害，被老鼠咬死或咬伤。

（3）母兔残食仔兔。初产、母性不强的母兔，产仔时受惊吓，或产仔箱内有异味、潮湿等，都会导致母兔弃仔或咬死仔兔。

（4）饿死。母兔泌乳少、仔兔吃不饱，或仔兔强弱悬殊，饱饿不均，瘦弱者长期吃不到乳而饿死。

（5）饱死。有些母兔产仔少，泌乳过多，仔兔因吃乳过量而死。

（6）窒息死。因产仔箱内的垫草或毛缠住仔兔的颈，导致仔兔窒息而死；若腰部、腿部被缠，也会导致断肢残废。

（7）热死。南方夏季高温炎热，若产仔箱内垫草过厚、覆盖过多的兔毛或草等物，导致窝内温度过高，仔兔会因"蒸窝"而死。

（8）压死。母性差的母兔，哺乳时压住仔兔，或习惯睡在仔兔上，可能压死仔兔。

（9）漏箱死。仔兔吃乳时，掉到产仔箱外，从笼底板漏到承粪板或地上而死。

（10）病死。出生 3～5 天的仔兔吃了患乳房炎母兔的乳汁，引起急性肠炎，排腥臭黄色粪液（患黄尿病），快速死亡。

15. 怎样养好幼兔?

幼兔是指 30 日龄断乳后至 3 月龄这一阶段的小兔。幼兔机体免疫系统尚未完全，消化功能脆弱。而刚断乳后环境条件发生了改变，此期如果饲养管理不当，不仅幼兔成活率低、生长发育受阻，而且会影响生产性能的提高。尤其 30～60 日龄阶段是最难养、死亡率最高的时期，这时期幼兔抗病力差，是球虫病、大肠杆菌病和魏氏梭菌病的易发、多发期，要及时做好这几种疾病的防控措施。

随着日龄的变化，幼兔对饲料的要求也有所不同。这时期应喂给易消化、全价幼兔饲料和优质青草料。青草料每天喂 1～2 次，每只每次 200～300 克；精料每天喂 2 次，每只每次 30～40 克。随着日龄增加，逐步降低日粮营养水平，增加粗饲料，最后过渡到育成兔料。

在管理上，当仔兔转入幼兔群时，要强弱分开饲养，饲养密度为：30～60 日龄，每笼（0.7 米×0.50 米）4～5 只；60～90 日龄，每笼（0.7 米×0.50 米）3～4 只。并设置运动场，要求每格 10 米²，每平方米 1～1.5 只，让幼兔加强运动，促进其骨架及体质的发育；保持兔笼干燥和良好的通风条件；定期清洗料槽与水箱，并定期消毒兔笼。定期称重，及时将强弱兔分群饲养。如需选种，幼兔阶段结束时（90 日龄）进行第二次选种，选择发育正常、健康活泼、体重和外貌特征达到品种标准要求的兔留作种用后备兔，选留公母比例为1：（15～20）。

16. 怎样养好育成兔？

育成兔是指 3 月龄到配种这一阶段的兔，又称青年兔、后备兔。其特点是生长发育快，对蛋白质、矿物质和维生素需求大，食量大，抗病力和对粗饲料的消化力也逐渐增强。饲料应以青粗料为主，适当补充精料。5 月龄后适当控制精料，防止过肥。

在管理上，为防止早配、乱配和公兔间咬斗，要及时分笼。公兔单笼饲养，母兔饲养密度为每笼（0.7 米×0.5 米）2～3 只；设置运动场，每格 10 米²，每平方米母兔 2～3 只，公兔单独运动。要保持兔笼干燥和良好的通风条件，定期清洗料槽与水箱，并定期消毒兔笼。如须选种，育成阶段结束时进行第三次选种，选择发育正常、健康活泼、体重和外貌特征达到品种标准要求的兔留作种用，选留公、母比例为 1：（10～12），淘汰兔转入肥育兔管理阶段。

17. 怎样养好肥育兔？

肥育兔是指肉用品种兔中用以宰杀的商品兔。为了改善其肉质，增加产肉量，在屠宰前必须进行肥育。肥育就是一方面增加营养的储积；另一方面减少营养的消耗，使肉兔除了维持生命外，大量盈余的营养物质贮积在体内，形成肌肉和脂肪。

肉兔的肥育可分为幼兔肥育和成年兔肥育。

幼兔肥育是在仔兔断乳后就开始催肥，最好是待仔兔骨架生长完成后进行肥育。先以青粗料为主、精料为辅，到后期 15～30 天以精料为主、青粗料为辅。饲养到 3～3.5 月龄时，体重达 2～2.5 千克时即可屠宰。

成年兔肥育是指将逐渐淘汰的种兔在屠宰前进行一段较短时间的肥育，以增加体重、改善肉质。肥育时间一般为 30～40 天，通常可使体重增加 1～1.2千克。

肉兔肥育阶段需以精料为主、青粗料为辅。最适宜用作肥育的饲料有玉米、大麦、麸皮、甘薯、马铃薯等。

供肥育的公兔去势后可提高肥育效果，一般在 8～10 周龄时去势。

肥育期要限制其运动，关在小笼内，安置在温暖安静而光线较暗的地方，以促进体重的增加和脂肪贮积。

肥育期内对肥育兔要细心管理。由于肥育期肉兔以精料为主，缺少运动和光照，通常表现食欲和抗病力都较差，容易患病。为了促进食欲，最好少喂多餐，并供给充足的饮水。同时要细心管理，经常检查，及时清扫兔舍、笼，定期消毒，保持清洁干燥的环境卫生，确保肥育兔吃饱、吃好，具有良好的健康状况。

18. 春季怎样养好肉兔?

我国南方春季多阴雨，湿度大，气温较低，兔病多，死亡率高（尤其幼兔），是最不易养兔的季节。在饲养管理上要防湿、防病。

在饲养上要控制饲料品质。春季青草料含水量高、需晾软，如带雨水须晾干后再喂。适量增喂一些干粗料。在管理上要做好环境的清洁卫生，勤打扫、勤清理、勤洗刷、勤消毒、勤检查，保持兔舍、兔笼清洁干燥。

我国北方春季雨量较少，温度适宜，阳光充足，适宜肉兔的生长繁殖，是饲养肉兔的好季节，可有计划地多繁殖、饲养肉兔。

19. 夏季怎样养好肉兔?

夏季高温潮湿。肉兔怕热，常因炎热而食欲减退，抗病力下降。高温潮湿对仔兔、幼兔威胁更大。在饲养上，早餐提早，晚餐推迟，晚上添足夜草，多喂青饲料，供给充足的饮水。在管理上要做好防暑降温工作，保证兔舍阴凉通风。夏季蚊蝇孳生，病菌容易繁殖，一定要做好清洁卫生和消毒工作。在南方省份，母兔在炎热的夏季性欲低下，易难产。通常在 7 月中下旬至 8 月下旬不安排繁殖配种，让母兔停产休息。

20. 秋季怎样养好肉兔?

秋高气爽，气候干燥，饲料充足，是饲养肉兔的最好季节。一方面，秋季是肉兔繁殖的良好季节，常表现为配种受胎率高，产仔数多，仔兔发育良好、体质健壮、成活率高。秋季要抓住时机做好繁殖工作。另一方面，秋初时节气温仍然较高，要做好防暑降温工作。秋末冬初，早晚温差大，在饲养管理上要细心，供给饲料要营养全面。因是繁殖配种高峰时期，要加强营养，尤其是种公兔，要提高饲料蛋白质的含量，同时要多喂青绿饲料，并保证供水充足。

21. 冬季怎样养好肉兔?

冬季气温低，日照短，缺乏青绿饲料。首先要做好防寒保温工作，尤其是仔兔、幼兔的保暖。兔舍温度要求相对稳定，如遇寒冷天气要适当人工增温;

平时不要求十分暖和，但切忌忽冷忽热，否则易引起肉兔感冒。要堵塞兔舍的缝漏，防止贼风袭击肉兔。兔舍门窗要关闭好，但中午时分要适当开窗通气，促进室内空气流通。

冬季气温低，肉兔耗能大，因而要比其他季节增喂 10%～20% 的日粮。另外，冬季缺少青绿饲料，设法喂一些菜叶、胡萝卜、一年生黑麦草等。冬季肉兔喝水减少，但因其多吃干料、精料，加上天气干燥，仍要供给充足饮水。

22. 怎样捉兔才是正确的方法？

捕捉兔是饲养管理中最常用到的技术活，也是饲养人员的基本功。抓耳朵捕捉兔的方法是错误的，易造成不良后果。

正确的提兔方法是：用右手先从头到后背顺毛抚摸兔，待其安静蹲伏时，用右手掌和其后三指（中指、无名指和小指）大把抓住其颈后部皮肤；同时用右手的拇指和食指抓住两耳，轻轻提起，用左手托住兔的臀部，使兔重量落在托兔的左手上。这样既不会伤害兔，又可避免兔爪伤人，还可不让兔的头部乱动。

23. 怎样鉴别公、母兔？

初生仔兔可根据其阴部孔洞形状及其与肛门距离的远近来鉴别公、母兔。孔洞扁形，大小与肛门相同，离肛门较近的为母兔；孔洞圆形而略小于肛门，离肛门较远的为公兔。

开眼后的仔兔、幼兔可检查外生殖器。用正确的捉兔法捉兔，左手掌托住兔的臀部，使兔仰卧于手心，用左手的食指和中指夹住尾巴，拇指轻轻向上推压生殖器，如开口处呈圆形，并有圆柱状突起，则其为公兔；开口处呈尖叶形，下端裂缝延至肛门，并无突起的为母兔。

3月龄以上的兔鉴别公、母较容易。轻压阴部皮肤，张开生殖孔，中间有圆柱状突起的为公兔，有尖叶形裂缝延至肛门的为母兔。

24. 如何进行肉兔年龄鉴定？

肉兔准确的年龄要根据记录的出生日期来认定。在没有记录的情况下，只能按老、中、青大致区分其年龄。主要依靠趾爪的颜色及长短、牙齿生长情况、皮肤的厚薄、神情与动作等来判断。

（1）青年兔。趾爪短细而平直、有光泽，隐藏在脚毛之中；白色兔趾爪基部呈粉红色，尖端呈白色，且红多于白。门齿洁白、矮小而整齐。皮肤紧密结实。精神、活泼。

（2）壮年兔。趾爪粗细适中、平直，随年龄增长，逐渐露出脚毛之外，白色兔趾爪颜色红白面积相等。门齿白色、粗长、整齐。皮肤结实。行动敏捷。

（3）老年兔。趾爪粗长，爪尖钩曲，趾爪一半多露出脚毛外，趾爪面粗糙无光泽，白色兔趾爪白色面积多于红色面积。门齿厚长、暗黄而不整齐。皮肤厚而松弛。神情黯然，行动迟缓。

25. 怎样进行摸胎检查？

配种后的母兔，须进行怀孕检查，以确认它是否怀孕。若配种未成，要及时跟踪检查其发情状况，尽快安排再次配种，以免误时而影响母兔繁殖性能的发挥。如查后认定它已怀孕，须按怀孕母兔饲养要求，进行细心饲养管理。

怀孕检查方法有摸胎法、称重法和观察法，但实用可靠的方法是摸胎法。

正确的摸胎检查法：将要检查的母兔头部朝向术者的正面，用手先从头到后背顺毛抚摸兔，使其安静蹲伏；一手抓住兔双耳，另一手并拢四指、伸张拇指作八字形伸入母兔腹下，由前向后轻轻地沿腹壁触捏。若手指端感觉有花生米乃至拇指头般大小且柔软圆滑的肉球在滑动，即说明已怀胎。15 天后可摸到增大的圆滑柔软肉球，有可能 1 个或多个，20 天后可摸到成形的胎儿。初学摸胎时易把胚胎与粪球混淆，两者区别是：胚胎呈椭圆形、柔软、光滑，有弹性；而粪球较圆、质硬而手感粗糙。

26. 如何用物理的方法对公兔去势？

凡不作种用的公兔，为了使其性情温顺，便于饲养管理，提高饲料利用率，改善肉质，在 2.5～3 月龄时必须进行去势。其物理方法主要有以下 2 种。

（1）阉割法。阉割时将兔腹部朝上，用绳将兔四肢分开固定在手术台上，将一侧睾丸挤入阴囊并捏紧，不使睾丸滑动，先用碘酊，再用酒精消毒阴囊血管少处；用消毒过的利刀片切一小口，用力挤出睾丸，挤压精索并将其切断，取出睾丸；在阴囊纵膈肌割一刀，挤出另一侧睾丸，用同样方法取出；在阴囊切口处涂上碘酊，以防止感染、发炎。

（2）结扎法。按阉割法固定兔，捏住两侧睾丸，用有弹性的橡皮筋将阴囊基部连同阴囊皮扎紧，绝断阴囊睾丸的血液循环，约 1 周后阴囊睾丸逐渐枯萎、脱落。

27. 如何用化学的方法对公兔去势？

化学的公兔去势方法主要有以下 2 种。

（1）氯化钙、甲醛法。氯化钙 10 克、甲醛 1 毫升，加蒸馏水 100 毫升配制溶液。将需去势的公兔保定，对阴囊纵轴前方消毒后向每个睾丸注入 1～2 毫升溶液即可。1 周后睾丸开始萎缩。

（2）碘酊法。将需去势的公兔保定，对阴囊纵轴前方消毒后向每个睾丸注入 3％碘酊 0.3～0.5 毫升即可。1 周后睾丸开始萎缩。

28. 如何组建一个好的肉兔繁殖种群?

当兔场种群数达到一定数量后，利用自有种群，进行选种选配，自繁自养，不轻易从外引种，可杜绝许多疾病的传入，有利于兔场的持久、高效发展。

要组建一个好的肉兔繁殖种群，首先要根据养殖场地、经济能力、技术水平、人员队伍、市场销售能力，确定一个适宜的规模；其次，肉兔种群个体要健康、强壮、大小均匀、毛色整齐，繁殖公、母兔的比例要合适，一般公、母比例为 1：（8～12），繁殖公、母兔的血缘关系要清楚，青年或壮年公、母兔要占群体 70％以上。

七、兔病综合防治

1. 如何做好兔场生物安全体系建设?

兔场的生物安全体系是指在养兔生产过程中为了排除疫病威胁而建立起来的一系列措施集成,目的是保护家兔健康,消灭各种疫病的传染源,切断各种可能的传播途径,减少兔场中易感兔的数量。具体措施内容包括如下几个部分。

(1) 做好养兔场的选址和兔舍建设。根据兔生理特点和生活习性来选址,场址必需地势高燥、水源充足、交通便利、坐南朝北、环境安静,与交通干道和居民区、其他动物养殖区保持一定距离;兔场内的生产区、管理区、生活区、隔离区布局合理;兔舍的建筑做到防雨、防潮、防风、防寒、防暑、防兽害,要求兔舍干燥、空气流通、光线充足、冬暖夏凉。这样有利于清洁消毒,防止疾病传播(兔舍内湿度低了,与之相关的疾病,如兔疥螨、球虫病、大肠杆菌病、魏氏梭菌病等就会大大地减少),也利于饲养管理,提高工作效率,实行机械化操作。

(2) 规范引种。要从有资质、有健康保证的种兔场引种。引种后要实行隔离饲养 30 天,确定无疫病后方可混群饲养。

(3) 建立严格的消毒隔离制度。饲养员每天要做好兔笼、兔舍以及周围环境卫生工作,使兔舍内空气清新、无氨臭味,否则易诱发各种兔呼吸道疾病(如兔巴氏杆菌病、支气管败血波氏杆菌病、鼻炎、肺炎双球菌病等)。每周消毒 2 次,包括对兔舍、兔笼、走道、门口等地方消毒。对清扫出来的粪便及其污物应集中堆放,并采用焚烧、掩埋、生物发酵等方法进行处理,防止某些病原或寄生虫虫卵通过粪便污染而造成水平传播。门口应设立消毒池,所有进出场的车辆和工作人员均要消毒后方可入场。闲人禁止入内,场内工作人员严禁到外购活鲜兔类产品。

(4) 消灭传播媒介。要定期杀灭兔场内老鼠、蚊虫、苍蝇,禁止饲养狗和猫(因为兔场养狗易使兔感染兔豆状囊尾蚴病,兔场养猫易使兔感染兔弓形虫病),尽可能减少传播媒介在兔场内传播相关传染病。

（5）做好兔场相关疫苗免疫工作。疫苗免疫是兔场生物安全体系中的最后一环，也是兔场成功与否的最重要环节。要结合当地兔病流行特点来制定相应的疫苗免疫程序，不断提高兔群的免疫抗体水平，减少易感兔的数量。

2. 肉兔常用疫苗有哪些？

目前国内正式生产的兔病疫苗有：兔病毒性出血症、多杀性巴氏杆菌病二联灭活疫苗，兔病毒性出血症灭活疫苗，兔产气荚膜梭菌病（A型）灭活疫苗，兔多杀性巴氏杆菌病灭活疫苗，兔多杀性巴氏杆菌灭活疫苗、支气管败血波氏杆菌感染二联灭活疫苗等。每种疫苗的使用方法参照相关厂家的使用说明书。

3. 兔场疫苗免疫程序应如何安排？

不同的地区、不同类型的兔场，其免疫程序不尽相同。一般来说，免疫程序要根据当地兔病的流行情况来制定，其中危害性比较大的几种传染病疫苗免疫一定要做好［如兔病毒性出血症（兔瘟）、巴氏杆菌病、魏氏梭菌病］，每种疫苗需做初免和二免。具体来说，在环境污染严重地区，仔兔断奶后先注射兔病毒性出血症灭活疫苗，间隔7天后注射兔多杀性巴氏杆菌病灭活疫苗，再间隔7天后注射兔产气荚膜梭菌病（A型）灭活疫苗。每种疫苗免疫1个月后要再用上述单苗免疫1次。以后每隔5～6个月用单苗或联苗加强免疫1次。在安全地区或饲养规模比较小的兔场，则在仔兔断奶后用兔病毒性出血症、多杀性巴氏杆菌病二联灭活疫苗免疫1毫升，间隔20～30天后再用上述二联灭活疫苗加强免疫1毫升，以后每隔半年用上述二联灭活疫苗再加强免疫2毫升。种兔每年免疫两次。必要时还要免疫兔产气荚膜梭菌病（A型）灭活疫苗1～2次。

此外，兔场若存在其他比较严重的传染病（如兔大肠杆菌病、葡萄球菌病、支气管败血波氏杆菌病等）时，还要相应地增加这些传染病的疫苗免疫。当兔场发生某种传染病时，在确诊的前提下，为了迅速控制和扑灭该传染病，最大限度地减少损失，可对疫群、疫区和受威胁的兔群进行紧急免疫接种。其中接种顺序原则上先从受威胁兔群开始免疫，最后接种已经发病的疫群。实践证明，在疫区内对患有兔病毒性出血症（兔瘟）、魏氏梭菌病、巴氏杆菌病、支气管败血波氏杆菌病等疾病的兔群进行疫苗紧急接种，对控制和扑灭这些疾病有重要作用。需注意的事项是，在采取紧急免疫后很有可能会在短期内（7～8天）增加死亡数量，一般10天后，发病和死亡数量会明显下降，最终控制病情。如果10天后死亡率仍居高不下，那么还要请兽医看看是否存在其他疾病的并发感染或存在误诊情况。

4. 如何做好兔场药物保健措施?

正常健康的兔群平时一般不需添加药物进行药物保健。但是目前多数兔场或多或少都存在某些常见兔病(如兔球虫病、魏氏梭菌病、巴氏杆菌病、大肠杆菌病、葡萄球菌病、沙门杆菌病等)。这些兔病中有些可用疫苗进行预防,有些目前还没有良好的疫苗可供预防,而有些疾病即使应用了疫苗,其免疫效果也不够理想。为了保证兔群健康和预防疾病,多数兔场都有计划地进行一些药物预防或定期驱虫。

(1)全群用药。每年春秋两季可选用高效、低毒、广谱的驱虫药(如阿苯达唑、伊维菌素)进行2次的驱虫;在夏天炎热的天气里或遇到不良的应激时(如长途运输),可在饲料或饮水中添加多种维生素;在遇到气候转变时为了防止兔常见的肠道或呼吸道疾病可在饲料或饮水中添加一些抗菌药物(如土霉素、盐酸金霉素、磺胺类药物等)。使用上述药物过程中要详细地记录药物名称、批号、剂量、使用方法等内容,并注意观察所用药物的保健效果。

(2)阶段性用药。针对某些兔场母兔易出现乳房炎、仔兔易出现黄尿病问题,可安排在母兔分娩后3天内,给每只母兔每次内服0.3克的磺胺多辛,每天2次,连喂2～3天;也可以通过对产后母兔肌内注射青霉素钠和硫酸链霉素的办法预防上述两种疾病。针对断奶后幼兔易发生球虫病问题,可定期(每隔7～10天)在饲料或饮水中添加抗球虫药(如磺胺类药物、地克珠利、盐酸氯苯胍等)来预防幼兔球虫病。针对某些兔场经常出现兔大肠杆菌病、沙门杆菌病以及魏氏梭菌病等引起幼兔拉稀问题,可在使用抗球虫药物的同时,配合使用一些抗菌药物(如土霉素、氟苯尼考等)。值得注意的是,长期和重复使用抗生素或磺胺类药物容易使细菌和球虫产生耐药性问题而影响药物的实际效果,所以在有条件的地方可定期进行细菌药敏试验,以便筛选敏感而高效的药物用于防治。

5. 兔场常用消毒剂种类有哪些? 应如何消毒?

目前市购的消毒药品种类繁多,大致可分为如下几大类:酚类(如复合酚),醇类(如酒精),碱类(如氢氧化钠、氧化钙),卤素类(如漂白粉、碘酊、络合碘),氧化剂类(如过氧乙酸、高锰酸钾),挥发性烷化剂类(如甲醛、戊二醛),表面活性剂类(如苯扎溴铵)等。不同场所、不同饲养条件,要因地制宜地选择好相应的消毒剂。

兔场要建立严格的消毒制度,对兔舍、兔笼及其用具每季度进行1次大扫除和大消毒,每周进行1次重点消毒。

（1）兔舍消毒。先彻底清除剩余饲料、垫草、粪便及其他污物，用清水冲洗干净，待干燥后采用药物消毒。可选用2％氢氧化钠溶液、20％～30％热草木灰溶液、5％～20％漂白粉溶液、0.05％癸甲溴铵溶液等。当用腐蚀性较强的消毒药消毒后，必须用清水冲洗，待干燥后才能将兔放入兔舍。

（2）场地消毒。在清扫的基础上，除使用上述消毒药外，还可选用5％复合酚溶液、0.5％过氧乙酸溶液等消毒。

（3）兔笼及用具消毒。应先将污物去除，用清水洗刷干净，干燥后再用药物消毒。金属用具，可用0.1％苯扎溴铵溶液或0.5％过氧乙酸溶液等。木制品可用1％～3％的氢氧化钠溶液、5％～10％漂白粉溶液、0.1％苯扎溴铵溶液、0.5％过氧乙酸溶液、0.03％癸甲溴铵溶液等。兔笼金属部分还可采用火焰消毒。

（4）仓库消毒。常用5％过氧乙酸溶液等熏蒸消毒。

（5）毛、皮消毒。常用环氧乙烷溶液等消毒。

（6）医疗器械消毒。除煮沸或蒸汽消毒外，常用消毒药物有0.1％苯扎溴铵溶液等。

（7）工作服、手套消毒。可用肥皂水煮沸消毒或高压蒸汽消毒。

（8）粪便及污物。可采用焚烧、掩埋或生物热发酵等方法。

6. 肉兔引种和运输时应注意什么问题？

肉兔引种和运输时应注意如下几个问题。

（1）肉兔引种单位的选择。要到品种优良、商业信誉好、技术服务完善的种兔场或兔业研究所引种。不要轻信一些"高价回收"等虚假广告宣传，以免上当受骗。到了种兔场或研究所后，还要向相关专业技术人员了解有关基本情况，看看是否持有国家、省、市畜牧局或科学技术部门颁发的种畜禽经营许可证或科研单位资格证书，不要盲目引种。

（2）引种前准备。必须建好兔舍，制作好笼具，并予以严格消毒，备好饲料饮水，做好种兔接应工作。

（3）运输笼具准备。要求夏季通风透气，冬季保暖。一般种兔或商品兔的运输笼具都是专门制作的，用竹子、花铁皮、木板均可。一般专用的大号运输笼，规格是100厘米×70厘米×20厘米，用竹子或木板制作，中间和四角有立柱，在火车、汽车或飞机上可以垒放5层以上，每笼装兔15只左右。小笼可用花铁皮、塑料筐、硬纸箱制作，规格一般为70厘米×50厘米×20厘米，每笼可装兔子5只左右。笼子装运前一定要经严格消毒。

（4）运输时注意事项。在夏季应安排夜间凉爽时运输，并备有防雨设施；

冬季要在笼里加垫草，用篷布将车覆盖防寒，车后部要能通风换气。停车时要平稳，注意不要急刹车。若路途较远，还要备些块根饲料，在途中休息时饲喂。

（5）办好运输手续。如果种兔或商品兔要跨省过县，要到种兔出售所在当地兽医行政管理部门下属的动物检疫部门办理《出县境动物检疫合格证明》和《动物及动物运输工具消毒证明》，缺一不可。无论运输商品兔或种兔，兔数量及运输车辆牌号填写要准确，并在有效期内运达目的地，以免在途中因耽误时间而造成不必要的损失。

7. 在肉兔养殖过程如何及时发现病情？

肉兔体格弱小，抗病力差，一旦发病，如不能及时发现和治疗，病情往往在很短时间内恶化，引起大面积死亡或传染给同群其他个体，造成极大的经济损失。因此，养兔生产中，饲养管理人员要和兽医人员密切配合，在日常饲养管理工作中，注意观察肉兔的行为变化，并进行必要的检查。如发现异常，及时诊断和治疗，以减少不必要的损失或将损失降至最低程度。生产实践中一般可通过看、摸、听、测等方法，来识别和发现病兔。

（1）看。就是经常观察肉兔的精神状态、体况、营养状态、姿势、被毛、眼睛、耳、口、鼻、食欲、粪便、尿液等有无异常。

（2）摸。即对可疑病兔进行触摸检查，感知其机体肥瘦、局部体温正常与否、体表有无肿块、腹部胀满程度及腹腔内脏器官正常与否。

（3）听。即倾听兔群中是否有异常声响，尤其是要听兔的呼吸声是否粗厉，有无打喷嚏、咳嗽及其他异常呼吸声及呻吟声、尖叫声等。

（4）测。即测量体温、脉搏等，排除生理因素（如年龄、性别、生产性能、气候条件）的影响后，体温升高或降低，均为患病的表现。

通过上述方法发现的病兔，兽医人员必须通过流行病学、临床症状、病理变化（必要时进行实验室诊断等方法），及时做出正确的判断。本场不能确诊时，应把病兔或刚死的兔尸体或相关病变组织放在特定的容器内，立即送有关部门检验、诊断。

8. 如何做好兔病的系统剖检工作？

将病死兔呈仰卧式，腹部向上，置于搪瓷盘内或解剖台上，四脚分开固定。腹部用消毒药消毒，沿腹中线上起下颌部下至耻骨缝处切开皮肤，再沿中线切口向每条腿切开，然后分离皮肤，检查皮下有无出血、水肿及病变。沿腹白线切开腹壁，用镊子挑起腹肌，防止刺破肠管。打开腹腔后，首先检查腔内腹水的颜色、多少和清浊度，然后依次检查腹膜、肝脏、胆囊、胃、脾脏、肠道、胰腺、肠系膜、淋巴结、肾脏、膀胱和生殖器官。用骨剪剪断两侧肋骨、胸骨，拿掉前胸廓，使胸腔暴露后，依次检查心、肺脏、胸膜、上呼吸道及肋骨。必要时，打开口腔、鼻腔及脑作进一步检查。

9. 如何系统检查兔病的病理变化？

（1）皮下检查。主要检查皮下有无出血、水肿、化脓、黄染等。皮下出血，提示兔病毒性出血症；皮下组织出血性浆液性浸润提示兔链球菌病；皮下水肿，可能是兔黏液瘤病；颈前淋巴结肿大或水肿，提示兔李氏杆菌病；皮下有化脓病灶，提示兔葡萄球菌病、巴氏杆菌病；皮下脂肪、肌肉及黏膜黄染提示兔肝片吸虫病。

（2）上呼吸道检查。主要检查鼻腔、喉头黏膜及气管环间是否有炎性分泌物、充血和出血。鼻腔内有白色黏稠的分泌物，提示兔巴氏杆菌病、支气管败血波氏杆菌病等；鼻腔出血，提示兔中毒、中暑、病毒性出血症等；鼻腔流浆液性或脓性分泌物，提示兔巴氏杆菌病、支气管败血波氏杆菌病、李氏杆菌病、绿脓杆菌病等；喉头、气管黏膜出血，呈现出血环，腔内积有血样泡沫，提示兔病毒性出血症。

（3）胸腔脏器检查。主要检查胸腔积液、色泽，以及胸膜、肺脏、心肌、心包是否充血、出血、变性、坏死等。胸腔内充满脓疱，提示兔巴氏杆菌病、支气管败血波氏杆菌或葡萄球菌病等；浆液或纤维素性渗出，提示兔沙门菌病；胸膜与肺脏、心包粘连、化脓或纤维性渗出，提示兔巴氏杆菌病、葡萄球菌病、支气管败血波氏杆菌病；肺脏肿大，呈暗红或紫色，有粟粒大小出血点，质地柔韧，切面暗红色，提示兔病毒性出血症；纤维性化脓性肺炎，提示兔巴氏杆菌病、葡萄球菌病；肺脏表面光滑、水肿，有暗红色实变区，切开有液体流出，有大小不等脓灶，脓汁乳白黏稠，提示兔支气管败血波氏杆菌病；肺脏充血、肿大，有片状实变区，提示野兔热；心包积液、心肌出血，提示兔巴氏杆菌病；心包液呈血样，提示兔魏氏梭菌病等；心包液呈棕褐色，心外膜有纤维素渗出，提示兔葡萄球菌病、巴氏杆菌病；心脏血管怒张，呈树枝状，提示兔魏氏梭菌病；心包呈淡褐色至灰色，坚实结节，具干酪样中心和纤维组织包裹，提示兔结核病；心肌呈暗红色，外膜有出血点，心脏扩张，内充满多量血块，心室变薄、质软，提示兔病毒性出血症；心肌有小坏死灶，提示兔大肠杆菌病；心包炎，提示兔坏死杆菌病；心肌有白色条纹，提示兔泰泽病。

（4）腹腔脏器检查。主要检查有无腹水、纤维素性渗出、寄生虫结节，脏器色泽、质地及有无肿胀或萎缩、充血、出血、化脓灶、坏死、粘连等。腹水透明、增多，提示兔球虫病（肝脏型）；腹腔有纤维素或浆液性渗出，提示兔球虫病、巴氏杆菌病、沙门菌病；葡萄状透明囊附着于脏器或游离于腹腔，提示兔豆状囊尾蚴病。肝脏表面有灰白色至淡黄色结节，其中结节针尖大小，提示兔沙门菌病、巴氏杆菌病、野兔热等；结节为绿豆大小，则提示兔球虫病（肝脏型）。肝脏肿大、硬化，胆管扩张，提示兔球虫病（肝脏型）、肝片吸虫病；肝脏质脆，实质呈淡黄色，细胞间质增宽，提示兔病毒性出血症；肝脏实质内有蛋黄样条纹状，提示兔豆状囊尾蚴病或肝脏毛细线虫病；切开肝脏组织可见白色虫体，提示兔肝脏毛细线虫病。胆囊扩张，黏膜水肿，提示兔大肠杆菌病。脾脏肿大，有大小不等的灰白色结节，切开结节可见脓或干酪样物，提示兔伪结核病、沙门菌病、结核病；脾脏肿大、出血，提示兔病毒性出血症、巴氏杆菌病；脾脏坏死、脓肿，提示兔坏死杆菌病；肾脏充血、出血，提示兔病毒性出血症；肉芽肿性肾炎，提示兔脑炎原虫病；肾脏肿大或萎缩，用手揉捏有石头样感觉，提示兔肾结石。胃黏膜脱落，有大小不一溃疡，浆膜有黑色溃疡斑，提示兔魏氏梭菌病；胃膨大，充满气体和液体，提示兔大肠杆菌病；胃壁黏膜出血，表面附黏液，提示兔病毒性出血症。小肠的肠黏膜弥漫性出血、充血，提示兔魏氏梭菌病；回肠后段、结肠前段黏膜充血、出血，提示兔泰泽病；小肠黏膜充血、出血，黏膜下层水肿，有的肠壁坏死，提示兔沙门菌病；十二指肠充满气体和混有胆汁的黏液状液体，空肠充满半透明胶样液体，回肠内容物呈黏液样半固体，结肠扩张，有透明胶样液体，浆膜和黏膜充血或有出血斑点，且直肠有胶冻样液体，提示兔大肠杆菌病；肠道呈出血性肠炎，提示兔链球菌病；肠黏膜充血，呈暗红色，表面附有多量黏液，浆膜充血、出血，提示兔病毒性出血症、球虫病；小肠、结肠扩张，黏膜有出血斑点，提示仔兔轮状病毒病；小肠黏膜有许多灰色小结节，提示兔球虫病（肠型）。盲肠的蚓突肥厚，圆小囊肿大、变硬，浆膜下有许多灰白色小结节，单个或成片存在，提示兔伪结核病；盲肠、结肠腔内有褐色水样内容物，提示兔泰泽病；盲肠壁水肿、增厚、充血，浆膜出血，提示兔大肠杆菌、泰泽病；盲肠肠壁有白色蛋黄色结节，提示兔球虫病。膀胱积有暗红尿，提示兔魏氏梭菌病；扩张且充满尿液，提示兔球虫病、葡萄球菌病；仔兔的尿液呈黄色，提示仔兔黄尿病；蛋白尿，提示兔脑炎原虫病。子宫肿大、充血，有粟粒样坏死结节，提示兔沙门菌病；子宫呈灰白色，宫内蓄脓，提示兔葡萄球菌病、巴氏杆菌病。公兔睾丸皮肤有糠麸样皮屑，肛门周围及外生殖器官的皮肤有结痂，提示兔密螺旋体病。脑膜血管明显扩张充血，提示兔病毒性出血症（兔瘟）。

10. 如何做好相关病料的采集和保存工作？

肉兔发病后，根据流行病学调查、临床症状及病理剖检特征，有些疾病可以得出诊断结果，如兔病毒性出血症（兔瘟）、魏氏梭菌病等，而有些病由于缺乏特征性病变，需要采集病死兔病料或样本，在实验室开展进一步鉴定，包括组织学观察、抗原抗体检测等，方能确诊。在采集、送检病死兔病料或样本时应注意如下事项。

（1）无菌操作。采集病料用的刀、剪、镊子等器具使用前要灭菌消毒，一般采用高压蒸汽灭菌 20～30 分钟，或者煮沸 30 分钟也可。使用前采用酒精擦拭、火焰消毒。装载用的器皿也要高压消毒，或者采用环氧乙烷灭菌的一次性密封袋。所用注射器与针头一般采用医用一次性环氧乙烷灭菌产品；原则上采取一种病料，使用一套器械与容器。同时，还要准备好采集后用具消毒用的清洗液、消毒剂及容器等。

（2）采样应采集未用药的病死兔。为了不影响病原体的检出，特别是细菌性或寄生虫传染病，所采集病料的病死兔最好是未经用药预防或治疗过，一旦用药或多次用药后，有些敏感细菌很难分离。

（3）采取合适的病变部位。不同疾病所要求的病料或样本采集部位有所不同。病原感染兔体后，一般具有组织嗜性或靶器官，临床初步诊断后，怀疑哪种疾病，采集病料或样品时就应取该病最常侵害的部位或特征性病变组织。例如，兔病毒性出血症病毒以肝脏组织病毒含量最高，因此采集病料时应以肝脏为主。同时，对病变不典型，不能确定的疫病，为了提高病原微生物的阳性分离率，所采集的部位、种类尽可能齐全，采集的数量要足够，应包括内脏、淋巴结、局部病变组织、脑组织等；或根据症状和病理剖检变化情况对采集部位有所侧重，例如有神经症状的，必须采集脑组织和脊髓，有黄疸或贫血的必须采集肝脏、脾脏等。

（4）采用冷链运输。病料采集要及时，应在病死前或病死后立即进行，一般死亡后夏天不超过 2 小时，冬天不超过 6 小时。如需采集脑组织分离病毒，则不应超过 3 小时。死亡过久或腐败变质的病料会影响诊断结果。采集的新鲜病料应尽快送检，病料保存方法有 3 种：一是细菌检验材料。将采取的组织块保存于 30% 甘油缓冲液中，容器加塞封固。二是病毒检验材料。将采取的组织块保存于 50% 甘油生理盐水中，容器加塞封固。三是血清学检验材料。血清等材料，每毫升血清须加入一滴 3% 苯酚溶液。采集的样品尽可能在 24 小时内专人送达实验室，夏天需在保温箱内加置冰块。送检过程中要防止容器倾倒、破碎，避免样品泄漏，也要注意血液标本不能剧烈振荡，应有缓冲设置。

（5）采集病料顺序。剖检时将尸体腹面向上，用消毒液涂搽胸部和腹部的被毛。病料采集顺序遵循由内到外、由无菌到有菌、由脏器到组织等原则。首先采集皮肤或皮下病变部位，用刀或剪打开腹腔，选择性采集腹膜、肝脏、胆囊、胃、脾脏、肠道、胰腺、肠系膜淋巴结、肾脏、膀胱以及生殖器官。进一步打开胸腔（切断两侧肋骨、除去胸壁），选择性采集胸腔内的心脏、心包及内容物、肺脏、气管、上呼吸道、食管、胸膜及肋骨。必要时，可打开口腔、鼻腔和颅腔，采集相应的病变组织。

（6）剖检场所的选择。为了便于消毒和防止病原的扩散，一般在室内进行剖检；如条件不许可，也可在室外进行。在室外剖检时，要选择离兔舍较远的偏僻地点，并挖深达 2 米左右的土坑。待剖检完毕将尸体和被污染的垫物及场地的表面土层等一起埋在坑内，再撒些生石灰或喷洒消毒液，最后用土掩埋。坑旁的地面也应注意消毒。有条件的也可焚烧或高压无害处理。

（7）做好剖检记录。尸体剖检的记录是死亡报告的主要依据，也是进行综合分析研究的原始材料。记录的内容力求完整详细，对病变的形态、位置、性质变化等，要客观地用语言加以描述说明，切不要用诊断术语或名词来代替。

（8）剖检人员的防护。剖检人员可根据条件穿着工作服，戴口罩、橡皮手套，穿胶靴等；条件不具备时，可在手臂上涂上凡士林或液状石蜡等，以防感染。剖检完成后要采取必要的洗手消毒等措施。

11. 肉兔发生传染病怎么办？

肉兔发生传染病时，要及时做好如下工作。

（1）严格封锁。肉兔发生疫情时，要尽快将发病时间、发病地点、发病症状、发病数量、死亡数量及有其他关情况向有关部门领导和技术人员报告，并立即对兔场进行封锁，严禁人员车辆出入，禁止引进种兔和对外出售病死兔，通知周围兔场和养兔户做好防疫工作。

（2）制止扩散。尽快隔离病兔，将病兔和看似健康而又有可疑的肉兔转移到隔离区或观察治疗室饲养观察，并由专人负责管理，严禁其他人员入内。隔离区和健康区人员互不走动往来，车辆、工具、饲料要严格分开。

（3）及时治疗。对于病兔或可疑兔要及时治疗，加强护理。

（4）就地扑灭。对于非正常死亡的病兔严禁相关人员在场内解剖，应交专业技术人员和兽医进行处理，严格消毒、焚烧或深埋，不能乱扔或转移食用。

（5）紧急处理。在确诊的前提下，对尚未发病的兔群要紧急接种相关疫病的疫苗或投服药物预防。

（6）彻底消毒。食槽和水槽要彻底消毒，兔舍、笼具、产仔箱、垫草、粪便要采用火焰消毒或药物消毒或发酵消毒方法,饲养员工作服和鞋帽也都要严格消毒。

12. 肉兔有哪些给药方法?

肉兔的给药方法有内服给药、直肠灌药、注射给药等 3 种。

(1) 内服给药。多用于大群预防和个别治疗,又可分自由采食、人工投服和人工灌服等 3 种方法。

①自由采食。将药物研碎撒于饲料表面或均匀混入饲料,让兔自己采食。

②人工投服。固定兔头,掰开兔嘴,将药片投入,让兔吞下,或将药装入药管插入咽喉,轻弹药管,让兔将药咽下。

③人工灌服。将药溶解于水中,将药液吸入注射器或胶管,插入兔嘴,让兔吮吸,或用胶管插入胃中直接灌服。

(2) 直肠灌药。先将肉兔保定,后躯稍高,用涂有润滑油的胶管从肛门插入直肠 5~8 厘米深,用注射器将药液慢慢注入直肠。一般用于便秘、排粪困难或毛球病治疗。在冬季应将药液加温至 30~40℃。注入药物后捏住肛门 3~5 分钟,之后才能将兔子放开。

(3) 注射给药。注射给药又分为肌内注射、皮下注射和静脉注射等 3 种方法。

①肌内注射。一般在颈部、臀部、大腿内侧等肌肉丰满部位,将注射器内空气排尽后迅速将针头刺入肌内,抽动活塞,无回血后再将药液慢慢注入。

②皮下注射。常用于有说明书要求的某些疫苗注射。多选在颈部、肩部、股内侧等部位,先用拇指、食指和中指将皮提起呈三角状,然后用注射器针头平刺于三角形基部,将药液注入。

③静脉注射。先保定肉兔,而后将兔耳外缘用酒精消毒,用左手食指和中指夹住耳朵,拇指按住耳根,使静脉血管怒张;右手持注射器,将针头斜面朝上刺入血管;抽动活塞,若见回血,便可将药液慢慢注入。注意注射速度要慢,若有不良反应要立即停止静脉注射。

13. 肉兔内服用药物有哪些? 如何使用?

肉兔属于草食动物,许多猪、鸡、鸭可内服的药物在兔子则被禁止用于内服使用 (如盐酸林可霉素、阿莫西林、头孢类抗生素等)。现介绍一些可用于肉兔内服的药物。

(1) 复方磺胺甲噁唑片。用于多数革兰阳性菌和阴性菌感染,常用于兔的肠道病、呼吸道病及口腔炎的治疗。内服,1 天 1 次,成年兔每次 1/2~1 片、幼兔 1/4～1/2 片，连用 2～3 天。每片 0.5 克。

（2）磺胺二甲基嘧啶片。用于治疗全身感染及球虫病。1 天 1 次，成年兔每次 1/2 片，幼兔 1/4 片，连用 3～5 天。每片 0.5 克。

（3）磺胺氯达嗪钠。用于防治兔大肠杆菌病、巴氏杆菌病、球虫病。内服，1 天 1 次，按每千克体重 50～100 毫克，连用 3～5 天。

（4）二甲氧卞啶。用于治疗兔球虫病、沙门菌及其他肠道病。按每千克体重 30～50 毫克，1 天 2 次，连用 3～5 天。

（5）盐酸氯苯胍。用于防治兔球虫病。按每千克体重 15 毫克内服，或每千克饲料 300～400 毫克拌料。连用 4～5 天。

（6）四环素。用于治疗兔巴氏杆菌病、大肠杆菌病、结膜炎。内服，1 天 1 次，成年兔每次 1/2～1 片，幼兔酌减，连用 2～3 天。每片 0.25 克。

（7）土霉素。同四环素。

（8）大黄碳酸氢钠片。健胃消化药，内服治疗兔积食、鼓胀病，每次 1～2 片，1 天 2 次。每片 0.15 克。

（9）酵母片。健胃消化药，用于治疗兔积食、维生素 B 缺乏症。每次 1～2 片，1 天 2 次。

（10）氟苯尼考。广谱抗生素，内服对多种革兰阳性菌和阴性菌均有作用，但不可超量和长期使用。内服，1 天 1 次，按每千克体重 20～30 毫克，连用 2～3 天。

（11）伊维菌素。属于广谱、高效、低毒抗寄生虫药，内服 1 次量为每千克体重 0.2～0.3 毫克。

14. 肉兔注射用药物有哪些？如何使用？

（1）硫酸庆大霉素。治疗肠道疾病。肌内注射 2 万～4 万单位/次，1 天 1～2 次，连用 2 天。

（2）硫酸卡那霉素。用于治疗呼吸道及肠道疾病。1 天 1 次，每千克体重肌内注射 10～15 毫克，连用 2～3 天。

（3）青霉素钠。用于治疗肺炎、鼻炎、乳房炎等。每千克体重肌内注射 1 万～2 万单位，每天 2 次，连用 1～3 天。

（4）硫酸链霉素。用于治疗出血性败血症、肠道疾病及呼吸道疾病。每千克体重肌内注射 20～30 毫克，每天 2 次，连用 2～3 天。

（5）氟苯尼考。广谱抗生素，对多数革兰阴性菌和革兰阳性菌均有效果。每千克体重肌内注射 20～30 毫克，1 天 1 次，连用 2～3 天。

（6）伊维菌素。属于广谱、高效、低毒抗寄生虫药。每千克体重肌内注射

0.2～0.3毫克，1次即可。

（7）维生素 C。用于解毒和提高机体抗病力。每千克体重肌内注射 0.2毫克。

（8）维生素 B_1。健胃药，用于维生素 B_1 缺乏症的治疗。每千克体重肌内注射 0.25 毫克。

（9）磺胺间甲氧嘧啶钠。用于巴氏杆菌病、沙门杆菌病、大肠杆菌病、野兔热、球虫病的治疗。每千克体重肌内注射 50 毫克，每天 2 次，连用 2～3 天。

15. 肉兔常用外用药物有哪些？如何使用？

（1）碘酊。用于皮肤消毒和新鲜创口消毒，消毒效果好。但有较强的刺激性，不适用于口腔、眼睛等部位的消毒。

（2）甲紫。用于皮肤消毒和陈旧创口消毒，对黏膜消毒效果较好，刺激性较小。

（3）碘甘油。用于口腔炎、咽炎、齿龈炎的涂擦，促进黏膜炎症修复。

（4）过氧化氢溶液。一般浓度为 1％～3％，用于化脓创口的清洗。

（5）高锰酸钾溶液。一般浓度为 0.05％～0.1％，用于黏膜创伤、外生殖器官等消毒，也用于手消毒。

（6）硼酸溶液。一般浓度为 2％，用于眼炎、鼻炎时冲洗患处。

（7）溴氰菊酯溶液。一般浓度为 0.005％～0.1％，用于兔脚、嘴巴、皮肤疥螨病患处的治疗，以及虱、蚤等的杀灭。

（8）敌百虫溶液。一般浓度为 1％～2％，用于兔脚、嘴巴、皮肤疥螨病患处的清洗治疗。

（9）辛硫磷溶液。一般浓度为 0.05％～0.1％，用于兔脚、嘴巴、皮肤疥螨病患处的清洗治疗。

（10）双甲脒溶液。一般浓度为 1％～2％，用于兔脚、嘴巴、皮肤疥螨病患处的清洗治疗。

（11）咪康唑乳剂。用于真菌性皮炎患处的涂擦治疗。

16. 如何鉴别诊断兔呼吸道疾病？

肉兔常见的呼吸道疾病有兔巴氏杆菌病、支气管败血波氏杆菌病、肺炎双球菌病、感冒、鼻炎、结核病、肺炎克雷伯菌病等。上述疾病一般都有流鼻涕和咳嗽症状，但不同的呼吸道疾病症状有所不同。

兔巴氏杆菌病最常见，又可分为急性败血型（以突然死亡为特征）、呼吸型（以喘气、咳嗽以及鼻流黏性或脓性分泌物，肺脏、肝脏有不同程度的坏死病变为特征）、中耳炎型（以歪头，一侧或两侧耳鼓室有脓性分泌物流出为特征）以及其他病症型（如公母兔生殖器炎症、幼兔结膜炎等）。

兔支气管败血波氏杆菌病有鼻炎型（以打喷嚏、鼻流脓性分泌物为主要症状）和支气管肺炎型（除鼻流黏性或脓性分泌物外，肺脏和肝脏有脓肿病变）。

兔肺炎双球菌病表现以散发为主，有咳嗽、流鼻涕以及突然死亡等症状，剖检可见肺部出现大面积出血、水肿或实变。

兔感冒除了有喘气、打喷嚏、咳嗽外，还有体温升高、畏光流泪、眼结膜潮红等症状。

兔鼻炎是由多病原引起的综合征，除了打喷嚏、流鼻涕症状外，不同的病因还有一些特异性的病症。

兔结核病在临床上以喘气和咳嗽症状为主，同时体况消瘦，肺脏与肝脏器官有串珠状的结核结节。

兔肺炎克雷伯菌病除了有呼吸道症状外，肺脏有大理石肉样病变。

不同的呼吸道疾病，要采取不同的防治方案。

17. 肉兔突然死亡的病因有哪些？如何鉴别诊断？

在生产中，肉兔出现突然死亡，甚至大量死亡的病因有兔病毒性出血症（兔瘟）、巴氏杆菌病的急性败血型、球虫病、泰泽病、中毒、中暑以及某些意外死亡（如压死、鼠害等）。

兔病毒性出血症（兔瘟）在流行初期会导致病兔突然死亡，此外病兔到处乱窜，某些病死兔可见鼻孔或耳朵出血，内脏器官也有不同程度的出血病变（特别是以肺脏、肾脏、胃肠等内脏器官出血严重）。

兔巴氏杆菌病的急性败血型常会导致病兔突然死亡，此外病兔还有流鼻涕症状，剖检可见胸腔积液、心脏出血、肝脏表面有灰白色坏死灶病变。

兔球虫病，特别是肠型球虫病，常导致病兔急性腹泻死亡，有的无明显腹泻症状而急性死亡，刮取肠道内容物镜检可见大量球虫虫卵。

兔泰泽病往往导致病兔出现顽固性腹泻症状，死亡率高，剖检可见大肠壁浆膜层有出血斑，肝脏肿大、质脆，在肝脏表面有灰黄色小坏死灶，心肌也常有灰白色条纹或片状坏死灶。

肉兔中毒的原因有多方面，包括药物中毒（如马杜拉霉素、盐酸林可霉素、喹乙醇等）、农药中毒（如有机磷农药、除草剂等）、霉变饲料中毒等。中毒的一般性症状为发病突然、死亡快、死亡率高，并有用药史或饲喂不洁饲料史。剖检可见肝脏肿大、胆囊肿大、胃黏膜脱落、心包积液、膀胱积尿等病变。

肉兔中暑多见于夏天炎热天气，特别是兔舍饲养密度大、通风差、兔舍低矮或在长途运输中闷热不通风时更易发生，病兔主要表现体温升高、呼吸急促、流涎、兴奋不安或昏迷死亡，剖检可见脑部充血和出血。

其他原因造成肉兔意外死亡，可根据现场情况进行分析判断。

18. 如何鉴别诊断兔脑神经症状性疾病?

导致肉兔出现脑神经症状的主要疾病有兔巴氏杆菌病（中耳炎型）、痒螨病、病毒性出血症（兔瘟）、李氏杆菌病、脑炎原虫病、链球菌病等。

兔巴氏杆菌病（中耳炎型）可导致病兔歪头斜颈，严重时会向一侧转圈，时好时坏，反复发作，有时可见耳内流出白色脓性分泌物。

兔痒螨病可导致病兔耳朵下垂，不断摇头，用脚搔抓耳朵，并可见黄色痂皮塞满外耳道。

兔病毒性出血症（兔瘟）发病较急，可导致病兔体温升高，并有兴奋不安、到处乱窜、惊厥、口咬兔笼等症状，最后抽搐或发出尖叫声而死亡。个别病兔可见鼻孔流血或耳朵流血。剖检内脏器官可见有广泛性出血病变。

兔李氏杆菌病多为散发，发病率较低，病兔表现嚼肌痉挛、眼球突出、头颈偏向一侧，剖检可见内脏器官有不同程度的坏死灶，淋巴结肿大明显。

兔脑炎原虫病多为隐形感染，有时病兔可见斜颈、颤抖、麻痹以及蛋白尿、脑炎和肾炎等症状。

兔链球菌病可见病兔出现急性死亡或慢性脑神经症状（斜颈、站立不稳），同时还有鼻炎、肺炎表现，个别还表现间歇性腹泻或生殖道炎症等多种病症。

除依据临床症状外，还可通过细菌培养、生化试验、聚合酶链反应试验（PCR）等方法对上述几种脑神经症状疾病进行鉴别诊断。

19. 如何鉴别诊断兔皮肤性疾病?

肉兔皮肤性疾病有兔螨病、毛癣病、葡萄球菌病、异食癖、营养性脱毛症等。

兔螨病最为常见，不同日龄兔均可感染，在临床上又可分为兔痒螨病（多出现在耳朵）和兔疥螨病（多见于嘴巴、鼻孔、耳朵、脚爪等部位）。兔螨病可导致兔子局部皮肤奇痒，兔子表现用嘴巴啃咬脚患部，局部皮肤出现白色痂皮（又称"石灰头"或"石灰脚"）。

毛癣病多见于兔的鼻、面部、耳朵皮肤，使局部皮肤出现脱毛和产生痂皮症状，有时也可在身体其他皮肤出现圆形或不规则的秃斑，并常覆盖一些鳞屑，但瘙痒症状比较轻微。

兔葡萄球菌病可导致病兔出现多种病症，包括脓毒败血症、化脓性脚皮炎、母兔乳房炎、仔兔黄尿病等。其中，最常见的是兔化脓性脚皮炎又称脚板疮，多发于兔后肢的脚掌心，先出现脚皮红肿，继而出现局部脱毛和脓肿，最后局部破溃，有时还可见病兔用自己的嘴巴舔咬患处。

兔异食癖主要表现为病兔经常啃咬兔笼、饲槽、被毛等，在一些肉兔的身上出现脱毛或无毛现象，有时可在兔胃内检出一些毛球。

兔营养性脱毛症多见于成年兔和老龄兔，皮肤上无异常表现，被毛的断毛端比较整齐（似剪刀剪过一样），脱毛部位多见于兔的双腿、肩胛双侧以及头部。通过增加营养可逐渐恢复正常。

八、肉兔传染病防治

1. 兔病毒性出血症（兔瘟）有什么症状？如何防控？

兔病毒性出血症（兔瘟）是由出血症病毒引起的一种急性、烈性、高度致死性传染病。本病只感染家兔，各品种家兔均易感。在自然条件下，本病主要发生在3月龄以上的青、壮年兔，而3月龄以下仔兔较少发病。发病率和死亡率均可达100%。本病的发生无明显的季节性，但以冬季和春季多发。本病的传染性极强，在一个兔场内发生时常呈暴发性流行。在临床上根据发病快慢将本病分最急性型、急性型和慢性型等3个类型。

（1）最急性型。见于本病的流行初期，病兔表现为体温升高到41℃，突然倒地、抽搐、惨叫而死。少数病例死后在嘴巴、两鼻孔或耳朵可见流出血样泡沫或鲜血（彩图26）。

（2）急性型。病兔体温上升到41℃，精神委顿（彩图27），食欲不振，呼吸急促，可视黏膜发绀，结膜潮红，有时可见腹胀、便秘或腹泻症状。出现症状后1～2天内死亡。病兔死亡前表现短时间的兴奋不安、惊厥、口咬兔笼，最后抽搐或发出尖叫声而死亡。多数病例可见到鼻部和脸部的皮肤被碰伤。怀孕母兔还可出现流产、死胎现象。

（3）慢性型。本类型多见于3月龄以内的幼兔、老龄兔和某些已经做了兔病毒性出血症（兔瘟）灭活疫苗免疫的青年兔。病兔表现为体温升高、精神沉郁、食欲下降、被毛无光泽、体况消瘦。病程可持续5～7天。死亡率相对较低。

本病最急性型和急性型导致死亡的病兔外观呈角弓反张，鼻孔或耳朵有时可见鲜红色分泌物。剖检内脏以实质器官和管腔器官的广泛性淤血、出血、水肿以及坏死为主要病变。具体来说，鼻腔、喉头、气管黏膜有弥漫性或点状出血，气管内充满粉红色泡沫状液体，特别是气管环出血尤为明显（彩图28）。肺脏水肿，肺脏表面有大小不等的出血点或出血斑（彩图29）。心内外膜有点状出血。肝脏淤血、肿大、质脆，色泽暗红或红黄色（彩图30，彩图31），有时可见出血和灰白色坏死灶。胆囊肿大。肾脏肿大，色泽暗红或紫红，甚至紫黑色，肾脏表面有针帽大小的出血点（彩图 32）。脾脏高度淤血，呈紫黑色，肿大 1～2 倍（彩图 33），质脆。膀胱内充满黄褐色尿液。胃壁浆膜层有出血斑（彩图 34），十二指肠和空肠黏膜也有点状出血。肠系膜淋巴结肿大。胸腺呈胶冻样水肿，并有出血点。脑膜充血明显。慢性病例除兔体消瘦、肺脏有数量不等的出血斑外，其他病变不明显。

在预防上可以从两个方面入手。

（1）定期注射兔病毒性出血症灭活疫苗。这是预防本病的最关键措施。一般的免疫程序是：仔兔 30～40 日龄时注射兔病毒性出血症灭活疫苗 1 毫升，60 日龄时再注射上述疫苗 1 毫升，以后每隔 5～6 个月再加强免疫 1 次兔病毒性出血症单苗或联苗。成年兔每年免疫单苗或联苗 2 次，每次 2 毫升。

（2）加强饲养管理。坚持自繁自养，不从疫区购进种兔和兔苗。平时要做好兔舍的清洁和卫生，定期消毒，并做好病兔的隔离措施。在治疗上，本病属于病毒性疾病，死亡率高，目前无效果明显的治疗药物。据报道，有些兔场在发病早期试用兔病毒性出血症的高免血清或康复血清治疗有一定的效果，每次皮下注射 4 毫升。原则上兔场发生本病时一般采用兔病毒性出血症灭活疫苗进行紧急免疫接种，剂量可适当加大些。经紧急免疫 7～10 天后，本病基本可以控制。值得一提的是：当兔场发生本病时，要做好病死兔及其污染物的消毒和无害化处理，以免造成本病的扩散；在发病期间要禁止所有肉兔的买卖。在紧急免疫时，提倡 1 只兔使用 1 个针头，防止本病互相传染。

2. 兔魏氏梭菌病有什么症状？如何防控？

兔魏氏梭菌病是由 A 型魏氏梭菌（彩图 35）及其所产生的外毒素引起的一种死亡率较高的兔胃肠道传染病。除哺乳仔兔外，各种年龄兔均可发病，其中以 1～3 月龄幼兔发病率最高。一年四季均可发病，但以冬春两季发病率略高。

本病多为条件性疾病，如长途运输、青粗饲料短缺、饲料配方突然更换（特别是精料偏多），以及长期饲喂抗生素、磺胺类药物、气候骤变等应激因素均可诱发本病。病兔表现急性腹泻，粪便为黑褐色或黄绿色（彩图 36），常黏附在臀部毛发上，腥臭味，有时粪便中带有胶冻样分泌物。病兔精神沉郁、食欲废绝、腹部胀满。急性病例脱水迅速，往往 1 天内就脱水衰竭死亡。少数慢性病例可拖延到 5～7 天才死亡。发病率可达 30%～50%，死亡率达 30%。主要病理变化为身体脱水明显，剖开腹腔可闻到明显的腥臭味。胃浆膜下可见大小不一的溃疡点和溃疡斑（彩图 37）；切开胃可见胃内充满饲料，胃黏膜易脱落；小肠充满胶冻样分泌物（（彩图 38），肠壁变薄（彩图 39）；大肠浆膜下有明显的出血斑（彩图 40），切开大肠可见肠内积有大量气体和黑色水样内容物（彩图 41），肠黏膜有弥漫性充血或出血。心脏表面血管怒张而呈树枝状。肝脏质地变脆，脾脏呈深褐色。

在预防上，要加强饲养管理，饲料配方中要提高粗纤维含量，减少高蛋白质和谷物饲料含量。饲料的变化要逐步进行，尽量减少各种不良应激。搞好卫生，不滥用抗生素。此外，要做好兔产气荚膜梭菌病（A 型）灭活疫苗免疫（孕兔后期不要注射），成年兔每年 2 次，仔兔安排在断奶后免疫 2 次（间隔 20～30 天），这是预防本病的关键。

发生本病后无特效的药物进行治疗，可采取如下综合措施。

（1）增加饲料中粗纤维比例，降低蛋白质和能量饲料的比例。

（2）药物治疗。可选用一些肠道抗菌药物（如氟苯尼考、硫酸卡那霉素和磺胺类药物）进行肌内注射或内服治疗。对轻度病例有一定效果，但对严重病例效果较差。

（3）在用药治疗同时，可在兽医指导下注射魏氏梭菌（A 型）高免血清，也有较好的治疗效果。但要注意防止发生过敏反应。

（4）对其他假定健康的兔群可使用兔产气荚膜梭菌病（A 型）灭活疫苗紧急免疫，经 1～2 周后可逐渐稳定病情。

3. 兔大肠杆菌病有什么症状？如何防治？

兔大肠杆菌病是由致病性大肠杆菌及其分泌出的毒素共同引起的一种暴发性和致死性兔肠道传染病。本病主要危害 1～3 月龄的幼兔，而成年兔发病率较低。第一胎年轻母兔所生的仔兔，其发病率要明显高于老母兔所生的仔兔。无明显季节性。

本病多为条件性疾病，当遇到饲养管理不良或气候转变时易发生。在发生其他兔肠道疾病（如魏氏梭菌病、沙门杆菌病、球虫病以及轮状病毒病等）时可继发本病。病兔精神沉郁，食欲下降，腹部鼓胀。病初粪便为黄色，继而转为棕色稀粪（彩图 42）。病程稍长的病例，可见粪便细小，两头发尖，粪便外黏附着胶冻样黏液或排出黏液性粪便（彩图 43，彩图 44）。急性病例往往见不到症状就突然死亡，慢性病例病程可持续 7～8 天。剖检可见胃膨大，胃内充满水样内容物，十二指肠充满气体和黄色内容物（彩图 45），空肠扩张、充满半透明内容物，回肠内容物呈胶冻样（彩图 46），结肠扩张，有时内容物呈胶冻样。病程较长者可见到结肠和盲肠黏膜充血或出血斑。若出现急性败血症的病例，还可见到肺部充血、淤血，肺脏局灶性实变或肺脏有纤维性物质渗出。镜检肝脏、肠道内容物可检出大肠杆菌（彩图 47）。

预防上，在平时饲养管理过程中要减少各种不良应激，搞好兔舍卫生，喂料时不能骤然改变饲料配方，特别不能骤然添加新的饲料。在本病常发的兔场可采用本场分离的大肠杆菌制成的灭活疫苗进行预防，小兔每只肌内注射1毫升，对预防本病有一定效果。

治疗本病常用的肌内注射药物有：硫酸庆大霉素（每千克体重1万～2万单位），硫酸卡那霉素（每千克体重5～15毫克），氟苯尼考（每千克体重20毫克），硫酸链霉素（每千克体重20～30毫克）等。常用的内服药物有：土霉素（每千克体重20～50毫克），氟苯尼考（每千克体重20～40毫克），磺胺氯达嗪钠（每千克体重59～100毫克），盐酸金霉素（每千克体重10～25毫克）等。在有条件的地方可分离大肠杆菌进行药敏试验，以便筛选出高效药物进行针对性治疗，提高治疗效果。

4. 兔沙门菌病有什么症状？如何防治？

兔沙门菌病是由鼠伤寒沙门杆菌和肠炎沙门杆菌引起的一种兔消化道传染病。幼兔以腹泻和败血症死亡为主，怀孕母兔以流产为主。本病多发生于断奶幼兔和怀孕25天后的母兔。一年四季均可发生，其中以晚冬和早春多见。

本病的发生可由消化道感染（食入被病兔和鼠类污染的饲料或饮水），也可能由兔隐性感染沙门菌后，在各种应激因素作用下，身体抵抗力下降时诱发。除少数无明显症状而急性死亡外，多数病例表现为腹泻，粪便稀而带有黏液和泡沫。病兔体温升高、废食、消瘦。母兔可见从阴道内排出黏性或脓性分泌物，阴户红肿。怀孕母兔容易流产，流产后母兔多见死亡，少数康复兔也不易再受胎。剖检死亡病兔可见内脏器官充血或出血，肠黏膜上有局灶性溃疡或坏死（彩图48），有黄色纤维性物质附着。肠淋巴结肿大。肝脏表面有弥漫性或散在的黄色坏死灶，脾脏肿大，肾脏肿大、表面有小出血点（彩图49）。流产后的母兔子宫增大，内含脓性分泌物。

在预防上，平时做好兔场环境卫生，彻底消灭老鼠和苍蝇等传播媒介，保证饲料、饮水、用具不受沙门杆菌污染。引进种兔时要严格检疫和隔离饲养。对本病比较严重的兔场可对怀孕母兔试用兔沙门杆菌病灭活疫苗，每只1毫升，每年2次，对预防本病有一定效果。

在治疗上，可用氟苯尼考注射液进行肌内注射（每千克体重20毫克），也可选用土霉素粉、磺胺二甲基嘧啶粉、大蒜汁（将洗净的大蒜捣烂，加入5倍水，每只病兔内服3～5毫升）等内服，均有一定的效果。

5. 兔葡萄球菌病有什么症状？如何防治？

兔葡萄球菌病是由金色葡萄球菌引起的一种兔常见传染病。本病有多种病症，在成年兔可导致全身各器官组织化脓性炎症（脓毒败血症），有的导致兔脚发炎化脓（化脓性脚皮炎），有的导致母兔发生乳房炎或外生殖器官炎症，在幼兔可导致黄尿病。由于葡萄球菌在自然界里分布很广，所以几乎所有兔场都有本病的存在。不同日龄兔对本病均易感，但临床表现差异较大。

本病可通过破损的皮肤、黏膜感染发病，也可通过呼吸道和消化道感染发病。笼具不光滑、卫生条件差的兔场易发本病。本病在临床上可有以下多种表现类型。

（1）脓毒败血症。病兔头、颈、背、腿等部位的皮下或肌肉形成一个或多个脓肿（彩图50，彩图51），这些脓肿大小不一（豌豆大小到鸡蛋大小）。1～2个月后，这些脓肿有些会破溃，伤口经久不愈。有些病兔在身体其他部位还会陆续长出新的脓肿，脓肿内有乳油状脓汁（彩图52，彩图53）。

（2）化脓性脚皮炎。又称脚板疮，多数发生于后肢的脚掌心。开始时，病兔脚皮红肿、局部脱毛，继而出现脓肿。随着病情发展，可见脓肿破溃，病兔还会用自己的舌头或嘴巴舔咬患处，有时被咬烂掉（彩图54）。严重时可形成败血症而死亡。

（3）母兔乳房炎。病兔体温升高，食欲下降，乳房皮肤红肿热痛，严重时可波及乳房和肢部皮肤，出现化脓性乳房炎（彩图55）。若不及时治疗，2～3天后会造成全身感染而形成败血症死亡。

（4）仔兔黄尿病。仔兔吃了患葡萄球菌乳房炎的母兔的乳汁而感染发病。主要表现仔兔发生急性肠炎，包括仔兔腹泻、肛门四周和后肢被毛潮湿，并带腥臭味。严重时停止吮乳，昏睡，全身发软，甚至死亡（彩图56）。病程2～3天，死亡率很高。剖检可见仔兔肠黏膜充血出血、肠炎病变明显，同时仔兔的膀胱极度鼓胀，内充满黄色尿液（彩图57），故称黄尿病。

葡萄球菌病多由卫生不良或机械损伤感染引起的。在平时饲养管理过程中，须搞好兔舍内外环境卫生，尽量避免笼养兔被锋利的异物刺伤，防止肉兔之间互相咬斗。此外，母兔产仔后可喂些复方磺胺甲噁唑，以防止母兔发生乳房炎。

本病的治疗措施包括肌内注射青霉素钠、氨苄西林钠、硫酸庆大霉素等药物；内服可采用磺胺类药物或硫酸庆大霉素（如轻度黄尿病的仔兔内服硫酸庆大霉素，每天3～4次，有一定效果），以及局部处理（对脓肿要切开排脓，并用消毒药冲洗，最后涂上青霉素钠软膏或硫酸庆大霉素等；症状较轻时可涂上

5%的甲紫溶液进行消炎处理）。疗程持续 5～7 天。对于严重的仔兔黄尿病，其治疗效果比较差。

6. 兔泰泽病有什么症状？如何防治？

兔泰泽病是由毛样芽孢杆菌引起的一种以严重下痢、脱水和死亡为特征的兔消化道传染病。本病不仅存在于兔，而且存在于多种实验动物和家畜。6～12 周龄的兔最易感。秋季至春季多发。

本病经消化道感染。拥挤、气候骤变、长途运输以及饲养管理不良等因素均可诱发本病。本病发病速度快，腹泻严重（粪便呈糊状或水样，褐色），臀部及后肢毛发常被粪便污染。病兔精神沉郁、迅速脱水，常于发病 12～18 小时内死亡。少数也会耐过而成为僵兔。因本病死亡的兔尸体脱水严重，剖检可见盲肠、结肠以及回肠末端的浆膜下有明显的出血斑（彩图 58），盲肠壁增厚、黏膜粗糙呈颗粒状突起，肠管内有水样内容物。肝脏肿大、质脆，表面有小块灰黄色坏死灶（彩图 59）。心肌有灰白色条纹、斑点或片状坏死灶。

在预防上，平时要加强饲养管理，减少各种不良应激，定期消毒。同时可定期在饲料中按说明书添加土霉素进行预防。在发病初期用抗生素治疗有一定效果，如用青霉素钠和硫酸链霉素肌内注射或用土霉素或盐酸金霉素进行拌料治疗，连用 3 天。此外，做好消毒和隔离措施。发病中后期死亡率高，一般无治疗意义，要采取扑杀、消毒处理。

7. 兔巴氏杆菌病有什么症状？如何防治？

兔巴氏杆菌病是由多杀性巴氏杆菌引起的一种兔呼吸道传染病。各种品种兔和不同日龄兔对本病均易感，其中以 2～6 月龄兔发病率最高。一年四季均可发生，但以春秋两季多发。本病在兔群中可散发，也可出现地方性流行。病菌常隐性存在于呼吸道内，当环境条件发生变化时易诱发本病。

本病在临床上有以下多种表现类型。

（1）急性败血型。在本病流行初期或受到不良环境应激时，可见个别兔不表现任何症状就死在笼子内，或者出现一定的精神沉郁（彩图 60）和呼吸急促症状，体温上升到 41℃，鼻流清涕或脓涕。病程 1～3 天。死前体温下降，四肢抽搐。剖检可见鼻黏膜充血，鼻腔内有黏性或脓性分泌物，喉、气管充血和出血，胸腔有积液，肺脏有水肿和充血、出血，心脏内外膜充血，并有出血斑，肝脏有灰白色坏死灶。

（2）呼吸型。本病的病程长短不一，主要表现为精神沉郁、食欲下降，并出现打喷嚏、咳嗽、鼻孔流出浆液性或黏脓性分泌物等症状（彩图 61，彩图

62）。病兔经常用前爪摩擦鼻孔，严重时可见鼻孔周围形成痂皮。若并发肺炎，则死亡较快。剖检可见上呼吸道有不同程度的充血、出血，呼吸道内充满黏性和脓性分泌物，肺炎和胸膜炎病变明显。有时可见肺脏出现不同程度的肉样变（彩图 63），有时还出现一些灰白色坏死灶，有时在肺脏表面可见黄色纤维素性渗出物，肺脏与肋骨粘连（彩图 64），胸腔积液混浊（彩图 65）。

（3）中耳炎型（斜颈病）。病兔出现歪头斜颈，严重时会向一侧转圈，时好时坏，反复发作。有时可见耳内流出白色脓性分泌物。病兔由于采食和饮水受影响，逐渐消瘦，最后衰竭而死。剖检可见一侧或两侧耳朵的鼓室积有脓性分泌物，严重时可流出外耳道。个别病例可感染脑部后出现脑膜炎病变。

（4）其他病症型。有些公、母兔生殖器官感染发炎而出现睾丸炎、附睾丸炎、子宫炎症状。有时幼兔会出现眼结膜炎，表现眼睑肿胀、结膜潮红、眼内分泌物偏多等症状。

在预防上，平时要加强饲养管理，改善卫生条件，提高家兔抵抗力，尽量减少各种不良应激。坚持自繁自养，对新引入的种兔要严格检疫和隔离饲养。此外，最关键的是免疫接种，每年按程序接种 2～3 次兔多杀性巴氏杆菌病灭活疫苗（单苗或其他疫苗的联苗）。

发生本病时可选用磺胺嘧啶（每千克体重 100～200 毫克）、土霉素（每千克体重 20～40 毫克）、氟苯尼考（每千克体重 20 毫克）等药物进行内服治疗；个别病兔可肌内注射硫酸庆大霉素（每千克体重 2 万单位）或硫酸卡那霉素（每千克体重 10～20 毫克）或氟苯尼考注射液（每千克体重 20 毫克）等，要求连续注射 2～3 次。有条件的兔场可以进行细菌分离和药敏试验，筛选出高效药物进行治疗。个别中耳炎病例，除肌内注射和内服用药外，还要结合局部排脓和消炎处理。

8. 兔支气管败血波氏杆菌病有什么症状？如何防治？

兔支气管败血波氏杆菌病是由支气管败血波氏杆菌引起的一种以慢性鼻炎、支气管肺炎为主要特征的兔呼吸道传染病。各种日龄兔均可发生本病，其中仔兔和青年兔多以急性发作为主，而成年兔多以慢性发生为主。一年四季均可发生，但以春秋两季气候多变时多发，兔舍内通风不良时加剧本病流行。

本病可通过打喷嚏、咳嗽等水平传播；也有可能支气管败血波氏杆菌正常隐性感染于兔的呼吸道内，当环境发生骤变时而诱发。根据临床表现可将本病分为以下两种类型。

（1）鼻炎型。经常有打喷嚏症状，可见鼻孔中流出浆液性或黏性鼻液。经治疗或环境改善后病兔很快恢复正常，但一段时间后又易复发。发病率高，但死亡率较低。剖检可见鼻黏膜充血、出血，鼻腔内附有浆液性或黏液性分泌物。严重时可见鼻甲骨变形。其他脏器病变不明显。

（2）支气管肺炎型。以散发为主，病兔表现打喷嚏和咳嗽等症状，鼻孔常有黏液性或脓性分泌物流出（彩图66），病程较长。严重的可并发或继发其他呼吸道疾病，死亡率相对较高。剖检可见气管和支气管充血、出血，上呼吸道内充满黏液性或脓性分泌物，胸腔内有明显的胸膜肺炎病变，肺脏内存在一些数量不等、大小不一的脓肿（彩图67～69），有时在肝脏及其他脏器也可见到脓肿。

在预防上，平时要加强饲养管理，注意环境的清洁卫生和通风，尽量减少环境的不良应激。常发本病的兔场可采用兔多杀性巴氏杆菌、支气管败血波氏杆菌感染二联灭活疫苗进行免疫接种预防。

在治疗上，选用下列药物对病兔进行肌内注射有一定效果：硫酸卡那霉素（每千克体重10～30毫克），硫酸庆大霉素（每千克体重2万单位），硫酸链霉素（每千克体重10～15毫克），氟苯尼考注射液（每千克体重20毫克）等。

对于肺脏出现脓肿的病例，治疗效果比较差，建议淘汰处理，并逐渐建立无本病感染的种兔场。

9. 兔李氏杆菌病有什么症状？如何防治？

李氏杆菌病是由李氏杆菌引起的一种人畜共患病。多种动物及人均可感染本病。不同日龄兔均可发病，其中幼兔和孕兔易感性高。本病多为散发，有时也呈地方流行性。发病率较低，但死亡率比较高。

根据病程长短，可把本病分为急性型、亚急性型和慢性型等3种类型。

（1）急性型。多见于幼兔。主要表现精神委顿、食欲下降或废绝、体温升高，并伴有结膜炎（彩图70）和鼻炎症状，死亡快。

（2）亚急性型。多见于中大兔。主要表现精神委顿，脑神经症状明显，具体表现为病兔嚼肌痉挛、眼球突出，头颈偏向一侧（彩图71），并做转圈运动。怀孕母兔还会出现流产和胎儿干尸化。病程可持续4～7天。

（3）慢性型。主要表现为母兔子宫炎。母兔精神委顿、体温升高、流产，并从阴道内流出棕红色的分泌物。这些病兔康复后再配种不易受孕。此外，有些病例还会伴有脑炎症状。

在本病的急性和亚急性病例可见肺脏有出血性梗死和水肿病变，内脏实质器官有不同程度的灰白色坏死灶，淋巴结肿大，腹腔内有较多的腹水渗出。此外，有脑神经症状的病例可见脑膜充血、出血和不同程度的水肿病变。慢性病例还可见到子宫炎，甚至积脓病变。

在预防上，平时饲养管理过程中要做好环境卫生，定期消灭老鼠。由于本病是人畜共患病，对疑似病例要及时隔离治疗或淘汰（必须无害化处理），并做好相关场地兔笼等的消毒工作。

在治疗上，本病可用一些药物进行治疗，如磺胺嘧啶（按每千克体重100～200毫克）、青霉素钠（每千克体重1万～2万单位）、硫酸链霉素（每千克体重10～15毫克）等肌内注射，每天1～2次。但是已出现脑神经症状的病兔一般预后不良，建议淘汰并采取无害化处理。

10. 兔链球菌病有什么症状？如何防治？

兔链球菌病是由C群β溶血链球菌引起的一种急性败血性传染病。病原菌可正常存在于健康兔的口腔、鼻腔、咽部和阴道内。一般经呼吸道传播，一年四季均可发生，但以春秋两季多见。

本病发生时，病兔体温升高，食欲减少或停食，精神沉郁，呼吸困难，呈间歇性下痢。急性病例可见突然死亡，病程稍长可见病兔俯卧地面，四肢麻痹，或伸向外侧，或头向一侧歪斜（彩图72），有时呈爬行姿势。此外，在鼻孔可见白色黏液性或脓性分泌物。剖检可见皮下组织有出血性浆液浸润，脾脏肿大（彩图73），肝脏肿大、坏死（彩图74），肠黏膜弥漫性出血，上呼吸道黏膜及淋巴结出血。

在日常饲养管理过程中，要防止饲料和饮水被病原菌污染，兔舍要定期消毒。发现病兔要及时隔离治疗。对个别病兔可用头孢噻呋钠（每千克体重3～5毫克）或青霉素钠（每千克体重2万单位）配合硫酸链霉素（每千克体重10毫克）进行肌内注射，同时用磺胺间甲氧嘧啶钠（每千克体重50毫克）拌料内服，连用3～5天。

11. 兔肺炎双球菌病有什么症状？如何防治？

兔肺炎双球菌病是由肺炎双球菌引起的兔呼吸道传染病。病兔、带菌兔以及鼠类等是本病的主要传染源。可在妊娠兔和成年兔中散发，幼兔可出现地方性流行性。主要经消化道和呼吸道传播，夏秋两季为多发季节。饲养管理不良可诱发本病。

母兔及其他成年兔患病，常出现感冒症状，表现精神沉郁、厌食、体温升高、咳嗽、流鼻涕，以及突然死亡。母兔可出现流产或产弱仔。幼兔患病常出现因败血症而突然死亡。剖检病变主要在呼吸道，表现气管黏膜充血、出血，气管内有粉红色黏液，肺部出现大面积充血、出血（彩图75），或水肿、肉样变（彩图76），有时出现纤维素性胸膜炎和心包炎。幼兔可见败血症病变，在皮下组织有浆液性浸润，肝脏和脾脏肿大。

在预防上，加强饲养管理，做好兔舍的保温和通风工作。经常观察母兔和其他成年兔的呼吸道表现，发现病兔要及时隔离治疗。

治疗上，采用青霉素钠（每千克体重 2 万单位）配合硫酸链霉素（每千克体重 10 毫克）进行肌内注射，同时对全群兔采用磺胺间甲氧嘧啶（每千克体重 50 毫克）拌料治疗，连用 3～4 天。

12. 兔密螺旋体病有什么症状？如何防治？

兔密螺旋体病是由密螺旋体引起的一种兔慢性传染病。本病主要危害成年兔，幼兔和其他动物不易感。本病在生产中可通过交配经生殖道感染，有时也可通过垫料、用具等而间接感染。本病发病率高，但死亡率低。

病兔的精神和食欲均正常。公兔的生殖器（如包皮、龟头、阴茎）和母兔的外生殖器红肿并形成小结节（彩图 77）。患兔可通过相互接触或自身舔咬使炎症病灶向鼻、脸部等头部皮肤蔓延，形成鳞片状病变，被毛易脱落。母兔患病后失去配种能力，受胎率下降。公兔仍可交配，但也会影响受胎率。本病可自然康复，但也可重复发病。公、母兔的生殖器皮肤先出现炎症红肿，而后形成粟粒大小的结节，接着局部因炎症破溃后形成痂皮。此外，可见病兔的腹股沟淋巴结和腘淋巴结有不同程度的肿大。其他内脏无明显病变。

在预防上，兔场应坚持自繁自养为主。若确需引种，要加强检疫和隔离饲养观察。一旦发现种兔的生殖器官有异样或在人工授精时发现母兔生殖器官有异常，要及时诊断，并做隔离消毒处理。

在治疗上，要采取局部处理和全身治疗相结合的方法。局部处理时可采用硼酸水进行局部清洗，再涂以青霉素钠软膏或碘甘油。全身治疗可肌内注射青霉素钠，每天 1～2 次，连用 5 天。

13. 兔毛癣病有什么症状？如何防治？

兔毛癣病是由毛癣霉菌或小孢霉菌引起的一种兔皮肤病。本病可见于各品种兔和各年龄兔，其中幼龄兔易发生。在温暖、潮湿和不干净的环境条件下更易发生本病。本病主要通过病兔的直接接触传播，有时也可通过工作人员、工具等间接传播。

在临床上常见两种类型：一是以鼻、面部或耳部等皮肤为主，出现局部脱毛（彩图 78，彩图 79），或产生痂皮（彩图 80），有时还会传染到身上其他部位；二是在身上皮肤出现圆形或不规则的秃斑，并常覆盖些鳞屑（彩图 81）。有时可见病兔有瘙痒症状。病兔的患病皮肤出现充血、炎症病变，严重时可见炎症渗出物并形成黄色痂皮。其内脏无明显病变。局部皮肤刮取物经处理可检出菌丝和孢子（彩图82）。

在预防上，平时要保持兔舍的干燥、清洁，定期消毒。对病兔要及时隔离或淘汰。

在治疗上，包括局部处理和全身治疗。局部处理应先剪毛，并用消毒剂冲洗局部，将痂皮去掉后再涂以抗真菌药物（如2％咪康唑软膏、克霉唑软膏），每天1～2次，连用数天。全身处理可内服灰黄霉素（每千克体重25～60毫克），每日1次，连用10～15天，有良好的效果。

14. 兔球虫病有什么症状？如何防治？

兔球虫病是由艾美耳属的多种球虫寄生于兔肠上皮细胞或肝脏胆管上皮细胞内引起的一种常见寄生虫病。本病是兔最常见的一种疾病，一年四季均可发生，但以高温潮湿季节多发。各种品种和年龄兔均可发生。其中，以断奶至4月龄兔易感性最高，死亡率也高；成年兔多为隐性感染而成为带虫者。

本病的感染发生情况与饲养环境条件好坏息息相关。若饲养环境潮湿、卫生条件差，那么发病率相对较高；若饲养环境干燥（如漏粪饲养）、卫生条件好，那么发病率相对较低。在临床上兔球虫病有3种类型。

（1）肠型。多见于20～60日龄的幼兔，主要出现不同程度的腹泻，有的间歇性腹泻，有的水样腹泻（彩图83），粪便中常混有黏液或血液。病程短，严重的病例常因脱水而死亡，死亡率可达80％。在病死兔的大肠、小肠可见黏膜炎症充血，有时有出血点或出血斑，大肠内充满气体、黏液以及水样内容物。慢性病例在肠壁上可见一些白色小结节（彩图84），个别还可见到脓性坏死灶。

（2）肝脏型。多见于30～90日龄的幼兔，多为慢性经过。主要表现为食欲下降或废绝，眼结膜黄染，有时腹泻，腹围增大。触诊肝脏区可见疼痛反应，有时会出现痉挛或麻痹等神经症状。死亡率相对较低。病兔全身可视黏膜黄染，肝脏肿大明显，肝脏表面及实质内有白色或淡黄色坏死灶（彩图85，彩图86）。这些坏死灶有的是球虫结节，有的是坏死组织的钙化灶。慢性病例可导致肝脏硬化和腹水增加。肝脏坏死灶压片可检出球虫卵囊（彩图87）。

（3）混合型。即同一只病兔兼有以上两种类型球虫病症。死亡率可高达90％以上。病兔同时兼有肝脏病变和肠道病变。

在预防上，首先要保持兔舍干燥和卫生清洁，不同阶段的兔子要分开饲养，避免交叉感染，若采用漏粪铁笼子可降低发病率。其次，在本病易发阶段（如断奶幼兔）可定期地添加抗球虫药进行预防。

治疗本病的药物很多，常见的有：磺胺氯吡嗪（每千克体重50毫克拌料），盐酸氯苯胍（每千克体重30毫克拌料），磺胺二甲基嘧啶（每千克体重100毫克拌料），磺胺甲噁唑（每千克体重50毫克拌料），地克珠利（每千克饲料5毫克拌料），氨丙啉（每千克饲料250毫克拌料）等。一般疗程为3～5天。对个别严重的病例可用磺胺间甲氧嘧啶钠进行肌内注射。为了防止球虫产生耐药性，几种抗球虫药应轮换使用或联合使用。对于肠出血严重的病例可配合使用维生素 K_3，以提高治疗效果。治疗过后7～10天还需根据病情重复用药1～2个疗程。

15. 兔螨病有什么症状？如何防治？

兔螨病是由痒螨或疥螨寄生于兔体表引起的一种常见皮肤病。不同日龄肉兔均可感染。目前多数兔场均有本病的感染。环境潮湿、卫生条件差的兔舍更易感染本病。兔场一旦感染本病，就容易形成疫源地，不易根除。本病的传播主要通过接触传播，也会通过兔笼、饲槽、工具、垫料等间接传播。

在临床常见两种类型，即痒螨病和疥螨病。

（1）痒螨病。主要表现为病兔耳朵下垂，不断摇头和用脚搔抓耳朵。耳朵出现外耳道炎症，有分泌物渗出，时间久后可形成黄色痂皮塞满外耳道（彩图88）。严重病例可出现脑神经症状。局部病变组织经处理后可检出痒螨虫体（彩图89）。

（2）疥螨病：在病兔的嘴巴、鼻孔周围、眼周、脚爪部等部位出现灰白色结痂（彩图90，彩图91），时间久后变硬并形成"石灰头"或"石灰脚"（彩图92，彩图93）。患部奇痒，病兔采食、活动受到影响，经常可见病兔不停地用脚爪搔抓面部或用嘴巴啃咬脚患部。病兔消瘦，最终衰竭而死亡。内脏器官无明显的病变。局部病变组织经处理后可检出疥螨虫体和虫卵（彩图94～96）。

在预防上，引种时要把好关，严禁引进带虫或患病的种兔。平时要做好兔舍、兔笼、用具以及场地的卫生清洁和消毒工作（有条件的要进行火焰消毒）。定期使用广谱驱虫药（如阿维菌素或伊维菌素）进行拌料预防。

一旦发现本病，要及时地采取隔离饲养和治疗措施。治疗螨病的药物有很多，其中首选的药物为阿维菌素或伊维菌素（每千克体重0.2～0.4毫克，内服或肌内注射，间隔3～5天再重复1～2次），此外还可以用双甲脒、辛硫磷、敌百虫、溴氰菊酯等药水进行局部浸泡和外涂。

在治疗过程中还需注意如下几个方面的细节问题：第一，在使用药物外洗之前，要用温的肥皂水溶液洗刷患部，充分清除患部的痂皮和污物，使药物充分接触到患病皮肤。第二，由于本病是一种慢性病，治疗时每次需浸泡 3～5 分钟（只需浸泡患病局部，而无需将整只肉兔浸于药液中），每间隔 5～7 天重复外洗 1 次，持续 3～4 个疗程。为了避免肉兔口舔患部造成中毒现象，每次浸泡药物几分钟后要用清水冲洗一遍。第三，在治疗处理患部的同时，要用杀螨虫药物（如敌百虫、辛硫磷、溴氰菊酯等）对兔笼进行彻底消毒，以免患兔再次受到感染。

16. 兔豆状囊尾蚴病有什么症状？如何防治？

兔豆状囊尾蚴病是豆状带绦虫的幼虫寄生于兔肝脏、肠系膜以及腹腔内其他器官表面引起的一种慢性寄生虫病。本病主要发生在吃草的幼兔和成年兔，而哺乳仔兔很少发病。由于肉兔采食了被狗粪便污染过的饲草或饮水而被感染。本病的分布较广，有的地方（特别是饲养规模小的兔场）还形成地方性流行。

在少量感染时，本病无明显的临床症状。一般对采食、生长无明显影响，也很少引起死亡。当大量感染时，可表现出一些全身性的症状，如食欲下降、消化紊乱、嗜睡、不爱运动等。幼兔还可表现生长缓慢、腹部膨大、消瘦、腹泻与便秘交替出现，最后衰竭而死亡。主要病变是皮下水肿，腹水增多。在肠系膜、胃壁以及肝脏表面等部位可见到数量不等、大小不一的灰白色透明水泡囊（彩图 97，彩图 98）。严重时肝脏硬化，在肝脏表面仍可见到坏死斑或条状坏死灶。

在预防上，要严禁在兔舍内养狗，也不要到家狗经常出没的地方去割草喂兔（这些牧草很可能受到狗粪便的污染）。兔群定期可使用广谱驱虫药（如阿维菌素或伊维菌素）进行驱虫预防。

在治疗上，对发病兔群可用广谱驱虫药（如阿维菌素、伊维菌素、阿苯达唑等）内服驱虫，每天 1 次，连用 3 天。对个别病兔可皮下注射吡喹酮注射液（每千克体重 25 毫克，每天 1 次，连用 5 天）。

17. 兔肝片吸虫病有什么症状？如何防治？

兔肝片吸虫病是由肝片形吸虫寄生于兔肝脏胆管内引起的一种慢性寄生虫病。本病可导致牛、羊、兔等多种食草动物感染发病。可呈地方性流行。经常饲喂受淡水螺污染的青饲料的兔群易发。

本病在临床上以慢性表现为主，可见精神委顿、食欲不振、消瘦，并有不同程度的贫血和黄疸症状。时常出现腹泻症状。病后期可见眼睑、颌下等部位出现水肿，最后衰竭死亡（彩图 99）。除了全身出现消瘦、贫血以及黄疸病变外，主要病变是肝脏硬化、肝脏表面有结节突出、腹水增多。在肝脏胆管内可检出肝片形吸虫虫体（彩图100）。

在预防上，平时要注意饲草和饮水的卫生清洁，特别注意不要在河边、荒田、水沟、水塘等处收割青草喂兔子。

在治疗上，可选用硝氯酚（每千克体重5～8毫克拌料）、或阿苯达唑（每千克体重20～30毫克拌料）或三氯苯达唑（每千克体重10～12毫克拌料）等驱虫药进行治疗。

九、肉兔普通病防治

1. 兔感冒有什么症状？如何防治？

兔感冒是由于气候变化导致的一种兔常见呼吸道疾病。突然降温、早晚温差过大、兔舍遮蔽不严而遭到风吹雨淋、饲养环境通风不良、长途运输等因素都会使兔体抵抗力下降，诱发感冒。本病在兔场是一种常见病和多发病。

病兔表现为体温升高、精神沉郁、食欲下降、畏光流泪、眼结膜潮红，并有不同程度的打喷嚏和鼻孔流浆液性或黏液性分泌物症状（彩图 101，彩图 102）。若治疗不及时，可继发支气管肺炎，使病情更加复杂。感冒的病变主要集中在上呼吸道，有不同程度的炎症和渗出。严重时可见支气管充血、出血以及肺脏充血、出血病变。其他内脏无明显病变。

在预防上，平时要加强饲养管理，在气候转变时要加强防寒保暖工作，保持兔舍清洁卫生和通风良好。需异地运输时要做好抗应激和保温工作，防止中途因吹风而感冒。

在治疗上，对病兔可肌内注射硫酸庆大霉素（每千克体重 1 万～2 万单位）配合安乃近注射液（0.5～1 毫升），每天 1～2 次，连用 3 天。此外，也可肌内注射青霉素钠（每千克体重 2 万～4 万单位）配合氨基比林注射液 0.5～1 毫升，每天 1～2 次，连用 3 天。如果发病的数量比较多，可以考虑全群使用复方磺胺甲噁唑或土霉素拌料治疗。

2. 兔口炎有什么症状？如何防治？

兔口炎是指口腔黏膜出现炎症的总称。造成兔出现口炎的原因有很多，如口腔受到损伤（如采食硬质或带刺饲草，饲草中有钉子、铁丝、玻璃等利物，误食了有刺激性和腐蚀性的物质等）或相邻器官的炎症波及，均可造成兔口炎。

患兔表现大量流涎，有食欲，但吃不了或采食量减少，嘴巴、下颌及前胸的被毛往往被沾湿或粘连（彩图 103～105）。一般只是个别发生。主要病变是口腔黏膜潮红，有的可见黏膜损伤或口腔溃疡。其他内脏无明显病变。

在预防上，平时要喂以新鲜、干净的饲草，不能喂以发霉腐败或粗硬带刺的饲草。在平时管理过程中也要及时淘汰有异形或尖利牙齿的种兔。

在治疗上，病初可选用 1％氯化钠溶液或 5％明矾水溶液或 0.1％高锰酸钾水溶液进行口腔冲洗，发现异物要及时清理，并涂以碘甘油或冰硼散或甲紫或硫酸庆大霉素，每天 2～3 次，具有较好效果。对已出现全身感染的病兔还要进行肌内注射青霉素钠（每千克体重 2 万～4 万单位）和硫酸链霉素（每千克体重 10～15 毫克），每天 1 次，连续注射 2～3 天。在治疗期间要加强护理，喂以易消化的柔软饲料，以避免饲料再次对口腔的刺激。

3. 兔鼻炎有什么症状？如何防治？

兔鼻炎是由多种病因引起的，其中有兔多杀性巴氏杆菌、支气管败血波氏杆菌、沙门杆菌等病菌感染，还有多种环境应激因素（包括气温转变、长途运输、兔子被吹风淋雨等）共同作用而产生。

病兔经常打喷嚏、鼻孔常流出浆液性或黏液性分泌物（彩图 106），有时这些分泌物会黏结在鼻孔周围的被毛或阻塞在鼻孔之外。病程较长。病兔逐渐消瘦。主要病变是鼻黏膜充血，上呼吸道内含有大量的浆液性或黏液性分泌物。有时支气管出现充血、出血病变，肺脏也出现充血、出血病变。

在预防上，平时要加强饲养管理，特别要做好兔舍内的通风工作。同时还要做好与鼻炎症状有关的几种传染病（如兔巴氏杆菌病、支气管败血波氏杆菌病等）的疫苗免疫。对常发鼻炎病症的兔场可以定期使用磺胺类药物进行治疗。

在治疗上，可对个别鼻炎病例采取局部处理（用硫酸卡那霉素或硫酸庆大霉素蘸棉球洗鼻，每天 1 次，连用 5～6 天）和肌内注射青霉素钠、硫酸链霉素相结合的方法进行治疗。若整群发病数量较多，可用磺胺类药物进行拌料治疗。

4. 兔积食有什么症状？如何防治？

兔积食是一种常见消化道疾病，指兔胃肠内积有大量不消化饲料。喂饲料过多或吃了过量不易消化的饲料均会造成兔积食。此外，本病也常见于某些疾病（如小肠便秘）的并发症。

病兔主要表现为大量采食后 1～2 个小时或更长时间，出现起卧不安、磨牙、腹痛或精神沉郁（彩图 107）等症状。腹部膨大，呼吸困难，可视黏膜发绀。粪便干小与拉稀交替出现。严重时可出现胃鼓胀，最终导致窒息或胃破裂死亡。主要病变是胃和大肠内积有大量干硬内容物（彩图 108，彩图 109），胃黏膜易脱落。胃破裂时可见腹腔内存在不同程度的胃食糜。

在预防上，平时要定时定量喂料，防止饲喂过多，也要防止兔偷吃精饲料而造成积食现象。此外，还要控制难以消化饲料的饲喂量。

在治疗上，一旦发现积食，要立即停止饲喂饲草，同时可内服植物油或液状石蜡 10～20 毫升进行通便处理。此外，也可以内服大黄碳酸氢钠片，每次 1 片，每天 3～4 次。用药后轻轻按摩腹部。促进胃肠蠕动，对个别严重病兔，可肌内注射维生素 B_1 注射液配合治疗。

5. 兔鼓胀病有什么症状？如何防治？

兔鼓胀病是一种常见消化道疾病，指兔胃肠道胀气导致腹部膨胀。兔采食了大量易发酵饲料（如麸皮）、含水分较多的牧草、腐烂饲草，或饲料配方突然改变等，都会导致兔胃肠鼓胀。

病兔食欲废绝、流涎、腹部胀满（彩图 110），并有起卧不安、腹痛等症状；同时可见眼球突出，可视黏膜发绀。严重病例几个小时内可因窒息或胃破裂死亡。慢性病例中后期可见不同程度的腹泻症状，病程可持续 2～3 天。剖检可见胃肠道内充满大量气体和内容物（彩图 111）。急性病例可见到胃破裂以及腹腔内混有食糜。

在预防上，平时要加强饲养管理，喂料时做到定时和定量。不要过量地饲喂易发酵饲料，也不要过量饲喂水分比较多的饲草。

发病时可选用下列方法进行处理：灌服液状石蜡 15 毫升或茶籽油 10 毫升；或用大蒜 6 克捣碎，加醋 15～20 毫升，1 次灌服；或服用十滴水 3～5 滴；或每只成年兔内服大黄碳酸氢钠片 0.3～0.6 克，每天 2 次，连用 2～3 天。在治疗期间不能再喂饲料，同时要让肉兔适当活动，经常按摩兔腹部。

6. 兔腹泻有哪些原因？如何防治？

兔出现腹泻症状（彩图 112），由多种病因造成，包括传染性病因和非传染性病因。常见的传染性病因有兔大肠杆菌病、魏氏梭菌病、泰泽病、沙门杆菌病、葡萄球菌病、仔兔轮状病毒病、球虫病等。

兔大肠杆菌病多见于 20 日龄至断奶前后的幼兔。一年四季均可发生，发病率高，死亡率高。发病早期可见病兔粪便两头尖、成串，外包透明胶冻样黏液，后期出现水泻，粪便不含血，也无恶臭。剖检可见腹部鼓胀，回肠与结肠内有胶冻样黏液。

兔魏氏梭菌病可发生于各日龄兔，多见于 1～3 月龄小兔。常见于冬春季节或不良饲养管理之后，发病率和死亡率均可达 90%。在成年兔时有发生，病兔腹泻明显，水泻后很快死亡。粪便腥臭味，有气泡。同时在胃黏膜可见溃疡灶，肠壁有弥漫性充血或出血，小肠内可见透明样黏液，刮取肠内容物镜检可检出大量酵母菌（彩图113）。

兔泰泽病多见于6～12周龄兔，多见于每年的秋春季节。病兔腹泻严重，死亡快，死亡率高。剖检可见盲肠浆膜充血和出血，肝脏有灰白色坏死灶，心脏有灰白色条纹状坏死。

兔沙门杆菌病多见于断奶仔兔和怀孕母兔，其中仔兔以腹泻、拉出带泡沫的黏液性粪便为特征；母兔阴道排出脓性分泌物。剖检可见肠黏膜充血、出血，盲肠蚓突上有大量粟粒大的灰白色坏死结节。母兔出现化脓性子宫炎。

兔葡萄球菌导致腹泻病只见于哺乳仔兔，表现同窝仔兔相继出现腹泻，死亡率高。剖检可见小肠有出血性肠炎，膀胱积有大量黄色尿液（又称黄尿病）。

仔兔轮状病毒病多见于2～6周龄兔。病兔表现顽固性腹泻。剖检可见肠炎严重，肠绒毛萎缩或脱落。

兔球虫病（肠型）多见于20～60日龄幼兔，病兔急性死亡或拉糊状或带血样稀粪。剖检可见卡他性或坏死性肠炎，慢性病例可见肠浆膜有许多白色坏死灶。

导致腹泻的非传染性病因有饲养管理不良史（如平时饲喂的日粮中粗纤维不够、饲料品质不良、饲料配方改变、喂料过多、青饲料水分太多、养殖环境突然改变、饲喂过有毒物质或违禁的兽药等）。一旦饲养管理不良状况得到改善，病情就会得到控制。

在预防上，平时要加强饲养管理工作，做好与腹泻有关的几种传染病的疫苗免疫，同时可定期使用一些药物（如活菌制剂、磺胺类药物、抗球虫药等）进行预防，能有效地预防腹泻的发生。

在治疗上，对单纯性非传染性病因引起的腹泻可使用内服陈皮酊、肠道抗生素或磺胺类药物，同时改变不良的饲养管理条件，兔群在1～2天内即可恢复正常。个别严重的病兔可肌内注射硫酸庆大霉素进行治疗。对传染性病因引起的腹泻要依不同种类的传染病而采取相应的措施。

7. 兔便秘有哪些原因？如何防治？

兔便秘是一种常见消化道疾病，指家兔排粪次数和排粪量减少。主要原因是饲养管理不当，如饲料品质不良、太粗太硬，兔难以消化；兔舍缺水或青饲料供应不足等。此外，某些热性疾病也会导致病兔的粪便干燥秘结（彩图114）。

在预防上，平时要合理搭配精料、粗料和青绿饲料，也要保证兔饮水正常，防止因饮水器阻塞造成缺水。

在治疗上，轻度便秘只要改善饲养管理方式即可（如多喂青绿饲料）。病重的可选择下列措施：如灌服硫酸镁或硫酸钠（每只兔子每天内服2～5克，用温水稀释成10％）；或内服花生油或液状石蜡20毫升；或内服中药（大黄2克、枳实1克、厚朴1克、芒硝2克，煎煮后灌服或拌料）。此外，还可以用温的肥皂水或甘油水进行灌肠。在治疗过程中，要轻轻地按摩腹部，并让其充分运动，促进干粪排出。

8. 兔中暑有什么症状？如何防治？

兔中暑又称热射病，是指夏天兔所处的环境闷热或受阳光照射导致的一种环境代谢病。兔由于皮肤缺乏汗腺，散热性能较差，故易发生中暑现象（特别是长毛兔更易发生）。在夏天，兔饲养密度大、通风差、兔舍低矮以及长途运输过程中闷热不通风等情况下，都容易发生中暑现象。据报道，持续2个小时气温超过33℃，肉兔就容易出现中暑。

主要表现病兔体温升高、眼结膜潮红、呼吸急促、流涎，严重时兴奋不安，最后昏迷而死亡，且死亡数量多（彩图115）。主要病变是眼结膜发绀、内脏器官充血、淤血，脑膜充血和出血，肠道内粪便秘结等。

在预防上，要加强饲养管理，夏季要多喂青绿饲料，做好兔舍的通风降温工作，有条件的兔场可安装空调。运动场和露天兔场应设有遮阴设施，避免阳光直射。长途运输要在晚间进行，并做好通风和饮水供应工作。

当肉兔中暑时应立即采取如下措施：立即将病兔放到阴凉处，用冷水毛巾对头部进行冷敷，每隔几分钟更换1次。也可采用冷水进行灌肠，采用耳静脉放血5～10毫升，内服十滴水2～3滴或人丹2～3粒。此外，在鼻唇部涂抹1滴风油精或肌内注射苯甲酸钠咖啡因注射液0.5毫升，也有一定治疗效果。

9. 兔异食癖有什么症状？如何防治？

兔异食癖是一种营养代谢病，指兔采食或啃咬饲料以外的其他异物。饲料营养不全或不平衡、饲养密度过大、舍内光照过强，以及某些疾病（如肠道寄生虫病、胃肠消化不良等）的中后期等多种原因，均可导致肉兔出现异食癖。

病兔表现为啃咬兔笼、饲槽、被毛等（彩图116）。除此之外，兔的其他行为基本正常。若经常啃咬被毛，则在胃中可见毛球；若经常啃咬泥土，则在胃肠内可见到泥土小块。

在预防上，要加强饲养管理，保证肉兔各个生长期生长的营养需求，特别是饲料配方中粗纤维含量要够，并做到饲料品种多样化。

在管理上，兔舍要做到通风，密度要适中，并定期驱虫。发生异食癖时，要找出原因，并采取相应治疗措施。如果饲养环境不好、密度大，那么要降低饲养密度；如果营养缺乏，那么要及时地补充营养（特别要保证粗纤维的供应）。

10. 母兔吞食仔兔症有哪些原因？如何防治？

造成母兔咬伤、咬死和吞食仔兔的原因主要有以下4个。

（1）母兔分娩后腹部空虚，同时也十分饥渴。此时若没有准备好草料和饮水，就容易发生母兔吞食仔兔现象。

（2）母兔缺乏营养，且平时就有异食癖，那么在分娩时也容易发生母兔吞食仔兔症。

（3）哺乳期间，母兔患乳房炎，此时仔兔吸奶会造成母兔疼痛难忍，结果就有可能出现吞食仔兔现象。

（4）产仔箱中的垫草发霉或有异味也会导致母兔吞食仔兔症的发生。

在预防上，平时要加强饲养管理，满足母兔的各种营养需求，保持兔舍洁净、通风。产仔箱内垫料要清洁、卫生、柔软，绝不能有异味。寄养的仔兔要与原笼中的其他仔兔混养几个小时，使其身上的气味与原有仔兔的气味一样后方可让母兔接触。此外，要防止猫、狗、老鼠进入兔舍，以免母兔受刺激而吞食仔兔。

对有异食癖的母兔做淘汰处理。对有乳房炎的母兔要及时治疗，不要让其哺乳仔兔（仔兔可采取寄养处理）。

11. 兔软骨病有什么症状？如何防治？

软骨病又称佝偻病，是因饲料中钙、磷缺乏，或钙、磷比例不协调造成的，此外，胃肠道慢性病会影响钙的吸收，这也是病因之一。在生产实践中以怀孕、泌乳期母兔及仔兔多发。

病兔表现为消化不良、消瘦、脚软无力（彩图117）、被毛粗乱，常出现舔食被毛或异物现象。个别严重的病例四肢弯曲变形或前肢外展呈八字形，不愿走动。有的四肢关节肿大。除了四肢骨骼变形、易折断外，无明显的内脏病变。

在预防上，平时要加强对母兔和仔兔的饲养管理，特别要注意日粮中钙、磷的含量和比例。必要时可适当多添加一些骨粉、鱼肝脏油等；在冬季还要增加日光照射时间，以促进肌体对钙、磷的吸收。

对个别病兔可内服鱼肝油（每只每天内服1～2毫升），或内服钙片（每只每天内服 1～2 片，连用 3～5 天）。此外，也可以用维生素 A、D 注射液进行肌内注射（每只每天 0.1～0.2 毫升，连用 2～3 天）。发病数量较多时可在饲料中额外增加 1%～3% 的骨粉。

12. 兔霉变饲料中毒有什么症状？如何防治？

在南方地区，由于雨水多，空气潮湿，气温较高，兔用饲料和牧草均易发霉。一般来说，肉兔对霉菌有一定的抵抗力，但是肉兔吃了大量发霉的草料或笼内垫料，就有可能出现中毒现象。

不同的霉菌中毒，表现的症状有所不同。烟曲霉毒素对仔兔的肺脏影响较大，烟曲霉毒素中毒易导致呼吸道疾病。赭曲霉毒素中毒导致消化功能障碍（如腹泻），有的还出现神经症状。妊娠母兔发生霉菌毒素中毒易出现流产和死胎现象。烟曲霉毒素中毒后在肺部表面可检出粟粒大小的霉菌结节。所有霉菌毒素均可导致病兔的肝脏肿大、实变以及胃肠道黏膜出血和肠黏膜脱落等病变（彩图 118）。

在预防上，要保持兔舍和兔笼清洁、干燥，严禁饲喂发霉的草料，要经常清洗饲槽。

在治疗上，兔群中发现有霉变饲料中毒现象时要立即停喂，并用一些轻泻药物（如 10% 硫酸镁 20 毫升）进行灌服，同时可静脉注射 10 毫升 10% 葡萄糖、1～2 毫升维生素 C 进行保肝脏解毒处理。

13. 兔有机磷农药中毒有什么症状？如何防治？

肉兔吃了刚喷过有机磷农药的牧草，或用敌百虫等有机磷农药外洗皮肤治疗螨虫时用量过大，或没有及时用清水冲洗，都会造成兔有机磷农药中毒。

轻度中毒时，病兔表现流涎和腹泻症状，并有兴奋不安表现。严重中毒时，病兔流涎、腹痛和腹泻症状加剧，并出现瞳孔缩小、胸肌震颤、呼吸急促、痉挛、大小便失禁症状，最后肌肉和呼吸中枢麻痹而死亡。主要病变是家兔的瞳孔明显缩小，胃肠道黏膜易脱落，并有明显的充血和出血病变。

在预防上，要避免饲喂被农药污染的饲草，在治疗体外皮肤病时要严格控制敌百虫等农药用量，用药处理后要及时用清水冲洗一遍。

在治疗上，可肌内注射 0.05% 硫酸阿托品 1～2 毫升（每隔 4～6 小时 1 次，连用 3～4 次），或用静脉注射解磷定注射液（每千克体重 15～30 毫升，每 3～4 小时注射 1 次）。上述两种药物可单独使用（病轻时）或联合使用（病重时）。

14. 兔药物中毒有什么症状？如何防治？

在生产实践或临床治疗中常常由于药物剂量使用过大（如过量使用马杜霉素）、药物给药途径不当（如内服阿莫西林粉、盐酸林可霉素会导致兔胃肠黏膜脱落和肠道微生物区系破坏）、使用兔禁用药物，以及使用有配伍禁忌药物等，均可造成肉兔中毒。

肉兔中毒后一般表现为食欲废绝、精神沉郁，有不同程度的腹泻症状，有的还表现出肌肉无力或瘫痪症状，严重可导致大面积死亡。死亡率因中毒药物品种、剂量不同而异。病程可持续 5～10 天。主要病变是胃壁变薄、穿孔（彩图 119）、胃肠内容物变稀、胃黏膜脱落（彩图 120），肝脏淤黑色，有的还出现肺脏、肾脏出血病变。

在预防上，平时用药时要严格按药品说明书用药，不能超量使用。对某些易造成兔中毒的药物要禁止使用（如内服盐酸林可霉素）。

在治疗上，首先要停止使用相应药物，全群内服适量的葡萄糖或多种维生素进行一般性解毒处理。对个别病兔可采用静脉注射 10% 葡萄糖 30～50 毫升、维生素 C 1～2 毫升，进行解毒处理。

15. 母兔乳房炎有什么症状？如何防治？

母兔乳房炎是饲养管理不当（产前、产后饲喂过多的精料和青绿饲料）而造成母兔的乳汁过多、过稠，或母兔产仔太少，使乳汁长时间蓄积，引起乳房炎症。此外，母兔受凉、感冒或皮肤损伤后感染了葡萄球菌、链球菌等，也常导致母兔乳房炎。

患病母兔全身体温上升、精神委顿，拒绝哺乳仔兔。同时可见乳房肿大、发炎（彩图 121），并有明显的痛感表现。刚开始皮肤为红色，随着病情发展可变为蓝紫色，局部肿大明显。严重时会发展到化脓，并可见脓肿破溃，流出豆渣样分泌物。若治疗不及时，患病母兔可感染全身败血症而死亡。若感染全身败血症，在肝脏、肾脏等脏器还会出现化脓灶。

在预防上，母兔产前、产后要加强饲养管理，不能喂太多的精料和青绿饲料；同时保持兔舍、兔笼清洁卫生。兔笼应光滑无刺，以防止母兔乳房受伤。

在治疗上，早期局部采用热敷或涂擦 5% 鱼石脂软膏，每天 2～3 次。同时用青霉素钠（每千克体重 1 万～5 万单位）、硫酸链霉素（每千克体重 20～30 毫克）肌内注射，每天 2 次，连用 3～5 天。如出现脓肿，则需手术切开排脓，并做相应的消炎处理。

16. 母兔不发情有哪些原因？如何防治？

母兔到了配种年龄或产后较长时间不发情，常见的原因有以下 4 个。

（1）母兔过肥或过瘦。

（2）母兔缺乏光照。

（3）饲料中缺乏维生素 A 和青绿饲料。

（4）母兔可能存在某些疾病或生理性缺陷（如阴道畸形、输卵管狭窄、子宫留有死胎或卵巢存在持久黄体等）。

对不发情母兔，可采取如下措施。

（1）加强饲养管理，保持母兔中等膘情。在冬季天气暖和时要增加母兔运动量，让它在室外进行日光浴（俗称光照催情），在饲料中要多添加胡萝卜、甘蓝叶、南瓜、一年生黑麦草等青绿多汁饲料。

（2）异性诱导发情。将长期不发情母兔放入公兔笼内，让公兔调情，诱其发情。

（3）中草药催情。益母草 10 克、黑豆 25 克，水煮 20～30 分钟，然后将汤拌料，黑豆喂兔，连喂 3～5 天，母兔有可能发情。

（4）激素催情。可选用孕马血清促性腺激素、绒毛膜促性腺激素、促卵泡生成素、促黄体生成释放激素等进行人工催情，使用剂量按说明书使用，均有一定效果。其中以孕马血清促性腺激素较常用。

17. 母兔不孕症有哪些原因？如何防治？

母兔不孕症的原因有如下 5 个。

（1）饲养管理不当。第一是营养过剩，把后备种兔养成了体型肥胖的商品兔。第二是营养缺乏，致使经产母兔过于瘦弱。有的母兔产仔数多，哺乳期过长，使母体营养消耗过大，膘情难以恢复。第三是饲料品种单一，蛋白质供给偏少，维生素 E 不足。

（2）工作人员繁殖技术缺乏，操作失误。饲养户对母兔是否发情鉴定不清、不准，配种不适时而造成不孕。

（3）母兔生殖道炎症。母兔患子宫炎，或母兔外阴部红肿发炎，甚至溃疡，流出黄白色黏液，这种情况极易导致母兔不孕。

（4）母兔先天性不孕。此病症多发生于后备母兔，有些通过肌内注射孕马血清促性腺激素或促卵泡生成素能获得较好的治疗效果。对久不发情、治疗无效的要及时淘汰。

（5）母兔疫病性不孕。兔布氏杆菌病、弓形虫病、密螺旋体病等，是引起母兔不孕症的重要原因。这些疾病的病原菌能在正常活动情况下传播，也可通过自然交配传播。发病兔有相应不同的临床症状。

在预防上，首先要加强饲养管理，饲料配方要科学，适当调整精料的比例，保证日粮中粗纤维占 15% 左右，补饲适量干草、蔬菜等。注意在哺乳过程中渐进式地增加饲喂量，提高日粮中蛋白质比例。其次要提高繁殖技术，抓住母兔最适配种时间，避免空配、漏配。对于生殖器官有炎症的母兔，应及时予以治疗，待炎症治好后再配种。但对久不发情、治疗无效的要及时淘汰。对疫病性不孕要早发现早治疗。此外，搞好兔舍环境卫生，做好消毒工作，加强营养，增强母兔机体抗病力。

在治疗上，找出引起不孕的原因，进行对因治疗。对屡配不孕者，应予淘汰。若因卵巢功能降低而不孕，可试用激素治疗：皮下或肌内注射促卵泡生成素，每次 0.6 毫克，用 4 毫升生理盐水溶解后肌内注射，每天 2 次，连用 3 天；于第 4 天早晨母兔发情后，再耳静脉注射 2.5 毫克促黄体生成素，之后马上配种。用量一定要准，剂量过大反而效果不佳。同一只公兔所配母兔不孕者较多者，应考虑可能不孕原因是由公兔引起的，要及时予以更换或淘汰。

18. 母兔流产与死产有哪些原因？如何防治？

引起母兔流产与死产的原因很多，主要有以下 5 个。

（1）多种机械性因素。如剧烈运动，捕捉、保定方法不当，摸胎（妊娠检查）用力过大，产仔箱过高、兔笼洞门太小或笼舍狭小使母兔腹部受挤压，以及受惊吓等，均可造成流产。

（2）营养性因素。如饲料营养不全，尤其是某些维生素和微量元素不足以及饲料中毒等，均可引起流产与死产。

（3）疾病因素。如母兔感染某些急性热性传染病、重危疾病及生殖器官疾病，均可引起流产与死产。

（4）药源性因素。如内服大量泻剂、利尿剂、麻醉剂、激素类药物等，可能引起流产与死产。

（5）母兔因素。有些初产母兔在产第一窝时高度神经质，母性差，也会造成死产。

一般在流产与死产前无明显症状，或仅有精神、食欲的轻微变化，阴户排出粉红色分泌物（彩图 122），常常是在笼舍内见到母兔产出未足月胎儿或死胎时才发现。怀孕初期，流产多为隐性，即胎儿被吸收，不排出体外，往往被误认为未孕。有的怀孕 15 天左右，衔草拉毛，产出没成形的胎儿。有的提前 3～5 天产出死胎、部分活胎儿。母兔产后多数体温升高，食欲不振，精神不好。个别母兔继发阴道炎、子宫炎，造成屡配不孕。

对流产后的母兔，应让它安静休息，喂给营养充足的饲料。必要时可内服磺胺类药物以及采用青霉素钠或氨苄西林钠等抗生素进行肌内注射。对阴道采取局部清洗消毒，控制炎症，以防继发感染。此外，要加强饲养管理，找出流产及死产的原因并加以排除。发现有流产预兆的母兔，及时肌内注射黄体酮注射液 15 毫克进行保胎。对习惯性流产的母兔应及时淘汰。

19. 母兔难产应如何处理？

根据发生原因和性质，采取相应的助产措施。对产力不足者，采用肌内注射垂体后叶素或催产素，配合腹部按摩助产。对催产无效，或因盆骨狭窄及胎头过大，胎位、胎向、胎势不正不能产出者，可进行局部消毒后，在产道内注入温肥皂水或润滑剂，用手或助产器械矫正胎位、胎向、胎势，然后将仔兔拉出。如拉出困难，或强拉会损伤产道，则应采用剖腹取胎。

20. 母兔无乳有哪些原因？如何防治？

仔兔吃奶次数增多，但吃不饱，在箱内爬动、鸣叫，逐渐消瘦或增重缓慢，发育不良，甚至因饥饿而死亡。母兔不愿哺乳，乳房松弛、柔软或萎缩变小，乳腺不发达。用手挤，挤不出乳汁或量很少。这些都说明母兔患无乳症。

母兔无乳的主要原因是母兔在怀孕期和哺乳期管理不当或饲料营养不全。此外，母兔患有某些寄生虫病、热性传染病、乳房疾病、内分泌失调，以及患有其他慢性消耗性疾病、过早配种、乳腺发育不全、初产母兔母性不强、母兔年龄过大而乳腺萎缩等，均可造成缺乳或无乳。

在预防上，首先应改善饲养管理条件，喂给母兔全价饲料，增加精料和青绿多汁饲料。防止早配，淘汰超龄母兔，选育母性好、泌乳量好的母猪品种。

在治疗上，可内服催乳灵，每天 1 次，每次 1 片，连用 3～5 天。也可试用激素治疗，包括使用垂体后叶素 10 单位，一次皮下或肌内注射；苯甲酸雌二醇 0.5～1.0 毫升，肌内注射。此外，可选用催乳和开胃健脾脏的中草药，方一：王不留行、天花粉各 30 克，漏芦 20 克，僵蚕 15 克，猪蹄 1 只，水煮后分数次调拌在饲料中喂给。方二：王不留行 20 克，通草、穿山甲、白术各 7 克，白芍、山楂、陈皮、党参各 10 克，共研为粉末，分数次拌料喂给。

养兔实践中常根据母兔不同情况区别处理：

对于乳房发育不良或母性不强的初产母兔，除加强营养、调整饲料结构外，可经常使用温淡盐水擦洗乳房后进行按摩处理，促进乳腺发育和泌乳。对不拉毛的母兔，可人工帮助其将腹部乳头周围的毛拉光，以刺激乳腺。另外，取花生 7～8 粒，温水浸泡 1～2 小时后，拌料喂兔，连喂 2～3 次，乳汁会明显增多。

对经产母兔，应调整日粮配方，多喂青绿多汁饲料。此外，可采新鲜蒲公英、车前草和黄芪等喂兔，连喂 2～4 天，既催乳又防病。

对肥胖母兔，可采用皮下注射促黄体生成素 1～2 毫升，每天 2 次，并适当降低饲料能量和蛋白质水平来达到催乳目的。

对瘦弱母兔，应加喂营养丰富、蛋白质含量高的草料，同时取新鲜蚯蚓 1～2 条，用开水泡至发白，切碎拌红糖喂给，每天 1～2 次。也可将蚯蚓晒干粉碎后拌入饲料中喂母兔。

对多仔（超过 10 只）母兔，可将仔兔按个体大小、体质强弱分为 2 组，让母兔分 2 次定时哺乳，早晨先喂体质弱小的一组（此时乳汁多），傍晚哺喂体质强大的一组。仔兔开食后要及时补料。

21. 兔食毛症有哪些原因？如何防治？

兔饲料中粗纤维、含硫氨基酸含量不足，天气忽冷忽热等原因，均可造成兔子出现食毛症。本病以 1～3 月龄幼兔多发，可分为自食和互食两种情况：自食表现为兔子啃食自身兔毛，除颈部和头部难以吃到的部位外，其他部位的毛均被吃光；互食则表现为兔之间相互啃食毛。患兔表现消瘦、精神不振，剖检可见胃和肠内有大量兔毛或毛球。

在预防上，一方面要提供肉兔以全价日粮，尤其要提高日粮中粗纤维和含硫氨基酸水平；另一方面在气候多变期间，在饲料中适当添加硫酸钠（1%～1.5%）或硫黄（1%～2%），对本病也有一定的预防作用。

在治疗上，一方面要立即将食毛兔抓出，进行隔离饲养；另一方面可在饲料中添加 0.1%～0.2%蛋氨酸或胱氨酸，1 周后可控制病情。

22. 兔外伤有哪些原因？如何防治？

兔外伤包括各种机械性外力作用引起皮肤、黏膜的损伤，如兔舍木板、铁钉、铁丝断头等锐利物的刺（划）伤，被其他兔或其他动物的咬伤和剪毛时的误伤等。外伤可分为新鲜创和化脓创。

（1）新鲜创。可见伤口出血，甚至创口开裂。如伤及四肢，会出现跛行。严重者可出现不同程度的全身症状。

（2）化脓创。患部肿胀，局部增温，创口流脓或形成脓痂。有时受伤兔体温升高，精神沉郁，食欲减退。化脓性炎症消退后，创内出现肉芽，变为肉芽创。良好肉芽为红色，肉芽平整、颗粒均匀、较坚实，表面附有少量灰白色脓性分泌物。

在预防上，要去除兔舍内的尖锐物，笼内养兔不能过密，公、母兔应分笼饲养，防止猫狗等进入兔舍，剪毛时要小心，不要剪破皮肤。

在治疗上，对轻伤可局部剪毛后再涂擦碘酊即可。对严重创伤，若流血不止，首先是止血，除用压迫、钳夹、结扎等方法外，还可局部应用止血粉。必要时全身应用止血剂，如酚磺乙胺、维生素 K_3 等。然后清创，用消毒纱布盖住伤口，剪除周围被毛，先用生理盐水或 0.1% 苯扎溴铵溶液洗净创口，用3% 碘酊消毒创围。除去纱布后，仔细清除创内异物和脱落组织，反复用生理盐水洗涤创内，并用纱布吸干，撒布磺胺粉，之后包扎或缝合。若创缘整齐，创面清洁，外围处理较彻底，可采用密闭缝合；若有感染危险，可采用部分缝合；若伤口小而深或污染严重，要及时注射破伤风抗毒素，同时应用抗生素全身治疗。对化脓创，清洁创围后，选用 0.1% 高锰酸钾、0.1% 苯扎溴铵溶液或 2% 过氧化氢等冲洗创面，除去深部异物和坏死组织，排出脓汁，最后在创内涂抹乳酸依沙吖啶软膏等。

23. 兔眼结膜炎有哪些原因？如何防治？

眼结膜炎是指眼睑结膜、眼球结膜发生炎症，表现眼结膜水肿、出血（彩图 123），临床上十分常见。病因有以下 3 个。

（1）机械性因素。如灰尘、沙土或草屑等异物进入眼中，眼睑外伤，寄生虫寄生等。

（2）环境因素。如兔舍密闭，饲养密度大，粪尿不及时清除，通风条件不好，致使兔舍内空气污浊，氨气等有害气体刺激兔眼；化学消毒剂的刺激；强光直射及高温的刺激等。

（3）饲料或疾病因素。日粮中缺乏维生素 A 或感染巴氏杆菌等。

在预防上，要保持兔舍、兔笼清洁卫生，及时清除粪尿，增加通风量。用化学物质消毒时，要注意消毒剂的浓度及消毒时间，防止有害气体对兔眼的刺激。避免阳光直射。经常喂给富含维生素 A 的饲料，如胡萝卜、青草、青干草、黄玉米等。

在治疗上，首先要消除病因，用无刺激的防腐、消毒、收敛药液清洗患眼，如 2%～3% 的硼酸溶液、0.01% 苯扎溴铵溶液等。对角膜浑浊的，可涂敷 1% 黄氧化汞软膏，或将甘汞和葡萄糖等量混匀吹入眼内。为了镇痛，可用 1%～3% 普鲁卡因溶液滴眼。重者要应用抗生素或磺胺类药物进行全身治疗。

彩图1 新西兰兔

彩图2 伊拉配套系A品系兔

彩图3 青紫蓝兔

彩图 4　福建黄兔

彩图 5　闽西南黑兔

彩图 6　福建白兔

彩图 7　理想兔舍

彩图 8　理想兔舍

彩图 9　棚式兔舍

彩图 10　单列半敞开式兔舍

彩图 11　双列半敞开式兔舍

彩图 12　半封闭式兔舍

彩图 13 半封闭式兔舍

彩图 14 单层活动式兔笼

彩图 15 多层固定式兔笼

彩图 16　多层固定式兔笼

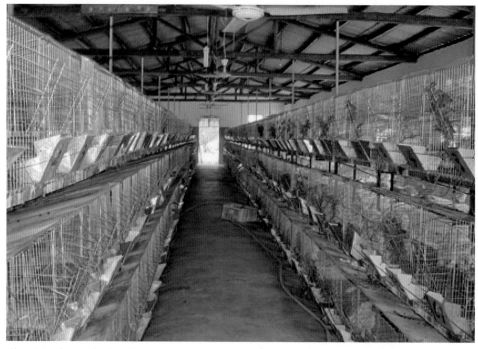

彩图 17　多层固定式兔笼

彩图 18 多层固定式兔笼

彩图 19 多层固定式兔笼

彩图20 阶梯组合式金属兔笼

彩图21 内置式平口产仔箱

彩图22 外挂式产仔箱

彩图 23　紫花苜蓿

彩图 24　杂交狼尾草

彩图 25　一年生黑麦草

彩图26　兔病毒性出血症症状（嘴巴流出　彩图27　兔病毒性出血症症状（精神委顿）
鲜血）

彩图28　兔病毒性出血症症状（气管环出血）彩图29　兔病毒性出血症症状（肺脏表面
出血点）

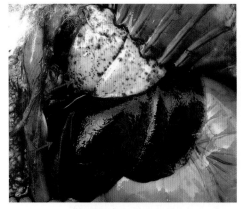

彩图30　兔病毒性出血症病变（肺脏出血，　彩图31　兔病毒性出血症症状（肝脏肿大，
肝脏淤血、肿大、色泽暗红）　　　　　　　呈暗红色）

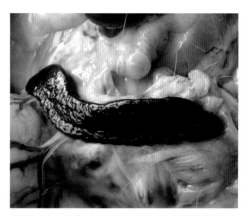

彩图 32　兔病毒性出血症病变（肾脏暗红 彩图 33　兔病毒性出血症症状（脾脏肿大）
　　　　色，表面有小出血点）

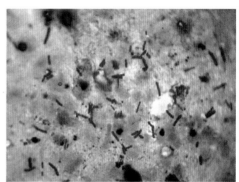

彩图 34　兔病毒性出血症病变（胃壁浆膜 彩图 35　A 型魏氏梭菌形态
　　　　层出血斑）

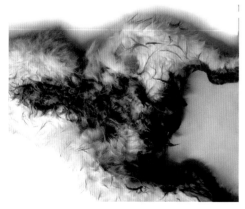

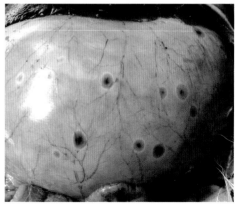

彩图 36　兔魏氏梭菌病症状（黑褐色稀粪） 彩图 37　兔魏氏梭菌病病变（胃浆膜下溃
　　　　　　　　　　　　　　　　　　　　疡灶）

彩图 38　兔魏氏梭菌病病变（小肠内胶冻样分泌物）

彩图 39　兔魏氏梭菌病病变（小肠肠壁变薄）

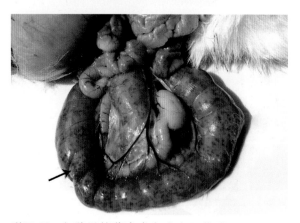

彩图 40　兔魏氏梭菌病病变（大肠浆膜下
　　　　　出血斑）

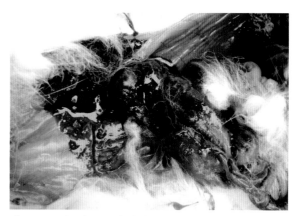

彩图 41　兔魏氏梭菌病病变（大肠内积有黑色水样
　　　　内容物）

彩图 42　兔大肠杆菌病症状（棕黄色稀粪）

彩图 43　兔大肠杆菌病症状（黏附着胶冻样黏液的
　　　　粪便）

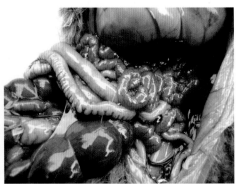

彩图44　兔大肠杆菌病症状（胶冻样黏液）　　彩图45　兔大肠杆菌病病变（十二指肠充满气体和黄色内容物）

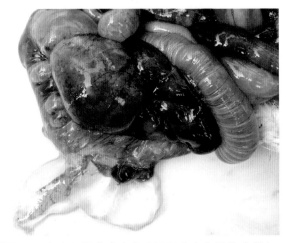

彩图46　兔大肠杆菌病病变（回肠内容物呈胶冻样）

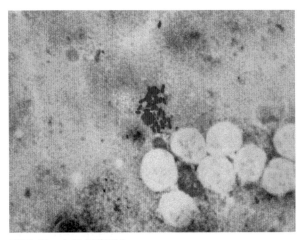

彩图47　大肠杆菌形态

彩图 48　兔沙门菌病病变（肠黏膜上局灶性溃疡或
　　　　　坏死）

彩图 49　兔沙门菌病病变（肾脏表面有小出血点）

彩图 50　兔葡萄球菌病症状（胸前皮下脓肿）

彩图 51　兔葡萄球菌病症状（颌下脓肿）

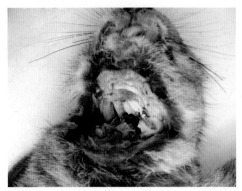

彩图 52　兔葡萄球菌病病变（颌下脓肿）

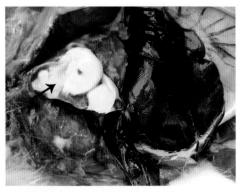

彩图 53　兔葡萄球菌病病变（腹腔脓肿）

彩图 54　兔葡萄球菌病症状（脚化脓后被咬烂）

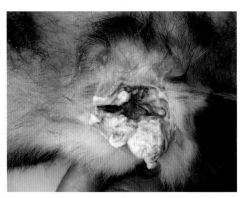

彩图 55　兔葡萄球菌病病变（乳房皮肤化脓）

彩图 56　兔葡萄球菌病症状（仔兔发生急性肠炎死亡）

彩图 57　兔葡萄球菌病病变（仔兔膀胱积尿）

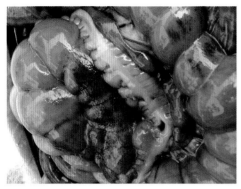

彩图 58　泰泽病病变（盲肠和结肠壁浆膜
　　　　下出血斑）

彩图 59　泰泽病病变（肝脏呈土黄色，表
　　　　面有坏死灶）

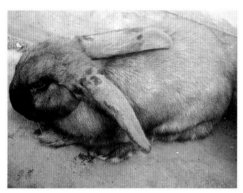

彩图 60　兔巴氏杆菌病症状（精神沉郁）

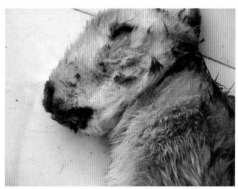

彩图 61　兔巴氏杆菌病症状（鼻孔流浆液
　　　　性分泌物）

彩图 62　兔巴氏杆菌病症状（鼻孔流黏脓
　　　　性分泌物）

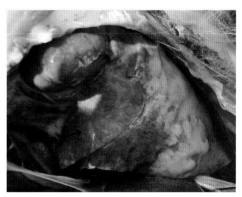

彩图 63　兔巴氏杆菌病病变（肺脏肉样变）

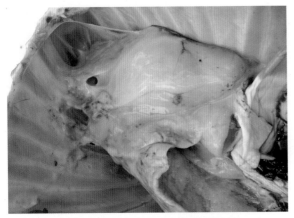

彩图 64　兔巴氏杆菌病病变（肺脏与肋骨粘连）

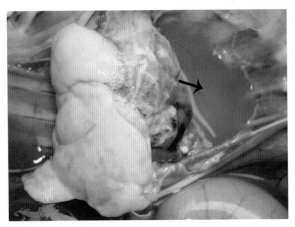

彩图 65　兔巴氏杆菌病病变（胸腔积液）

彩图 66　兔支气管败血波氏杆菌病症状（鼻孔流脓
　　　　　性分泌物）

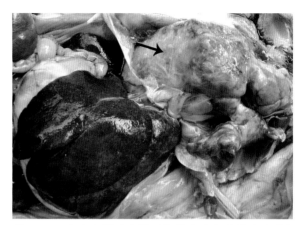

彩图67　兔支气管败血波氏杆菌病病变（肺脏脓肿）

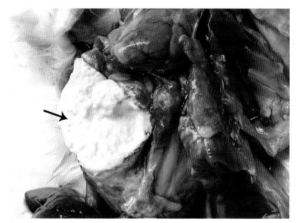

彩图68　兔支气管败血波氏杆菌病病变（肺脏脓肿）

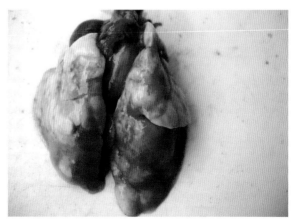

彩图69　兔支气管败血波氏杆菌病病变（肺脏大小不
　　　　一的脓肿）

彩图 70　兔李氏杆菌病症状（眼结膜炎）　　彩图 71　兔李氏杆菌病症状（头颈偏向一侧）

彩图 72　兔链球菌病症状（头向一侧歪斜）

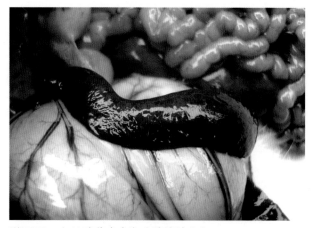

彩图 73　兔链球菌病病变（脾脏肿大）

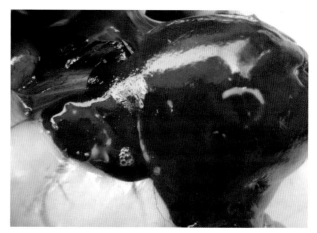

彩图 74　兔链球菌病病变（肝脏坏死）

彩图 75　兔肺炎双球菌病病变（肺脏充血、出血）

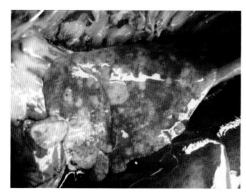

彩图 76　兔肺炎双球菌病病变（肺脏肉样变）

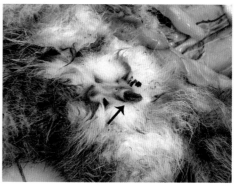

彩图 77　兔密螺旋体病症状（外生殖器红肿并形成小结节）

彩图78　兔毛癣病症状（鼻和面部皮肤脱毛）

彩图79　兔毛癣病症状（鼻和眼周皮肤脱毛）

彩图80　兔毛癣病症状（耳朵局部脱毛并形成结痂）

彩图 81　兔毛癣病症状（身上出现秃斑，并覆盖鳞屑）

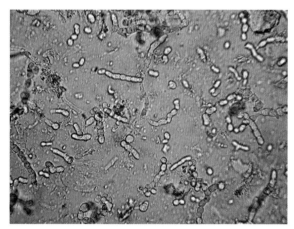

彩图 82　兔毛癣病病原菌丝和孢子形态

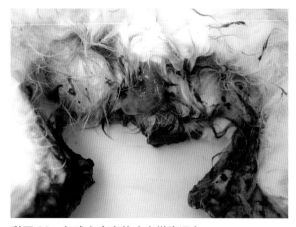

彩图 83　兔球虫病症状（水样腹泻）

彩图84　兔球虫病病变（肠壁小结节）

彩图85　兔球虫病病变（肝脏表面及实质
坏死灶）

彩图86　兔球虫病病变（肝脏表面及实质
坏死灶）

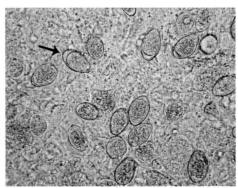

彩图87　球虫卵囊

彩图88　兔痒螨病症状（耳道内有痂皮阻塞
物）

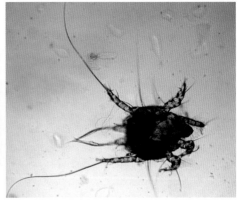

彩图89　兔痒螨虫体形态

彩图 90　兔疥螨病症状（眼周和嘴巴上结痂）　彩图 91　兔疥螨症状（嘴巴上结痂）

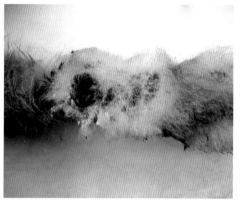
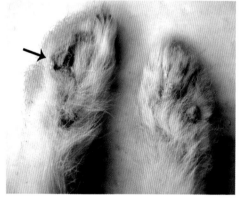

彩图 92　兔疥螨症状（"石灰脚"被咬破）　彩图 93　兔疥螨症状（"石灰脚"）

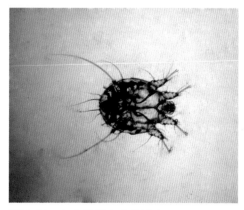
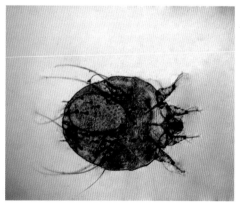

彩图 94　兔疥螨雄虫虫体形态　　　　彩图 95　兔疥螨雌虫虫体形态

彩图96　兔疥螨虫卵形态

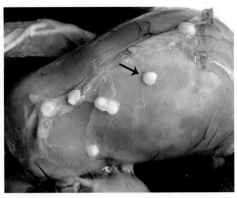

彩图97　兔豆状囊尾蚴病病变（胃壁上水泡囊）

彩图98　兔豆状囊尾蚴虫体形态

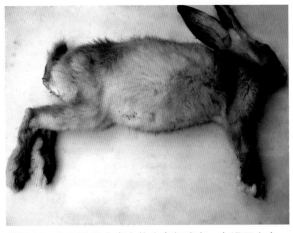

彩图99　兔肝片吸虫病症状（病兔消瘦，衰竭死亡）

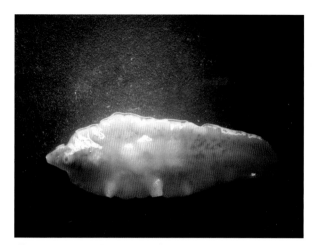

彩图 100　兔肝片形吸虫虫体形态

彩图 101　兔感冒症状（鼻孔流浆液性分泌物）

彩图 102　兔感冒症状（鼻孔流黏液性分泌物）

彩图 103　兔口炎症状（下颌被毛被沾湿）

彩图 104　兔口炎症状（下颌及前胸被毛被沾湿）

彩图 105　兔口炎症状（嘴巴周围被毛粘连）

彩图 106　兔鼻炎症状（鼻孔流浆液性分泌物）

彩图 107　兔积食症状（精神沉郁）

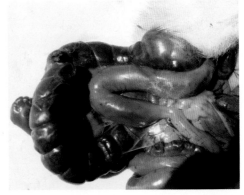

彩图 108　兔积食病变（大肠内有大量干硬内容物）

彩图 109　兔积食病变（大肠内有大量干硬　彩图 110　兔鼓胀病症状（腹部胀满）
　　　　　　内容物）

彩图 111　兔鼓胀病病变（大肠充满大量气　彩图 112　兔腹泻症状（肛门周围被毛沾满
　　　　　　体和内容物）　　　　　　　　　　　　　　　污黑色稀粪）

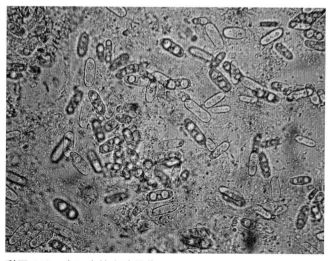

彩图 113　小肠内检出酵母菌

彩图 114 兔便秘症状（干硬粪便）

彩图 115 兔中暑症状（突然大量死亡）

彩图 116 兔异食癖症状（被毛脱落严重）

彩图 117　兔软骨病症状（软脚无力）

彩图 118　兔霉变饲料中毒病变（胃黏膜出血）

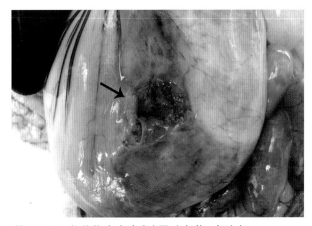

彩图 119　兔药物中毒病变（胃壁变薄、穿孔）

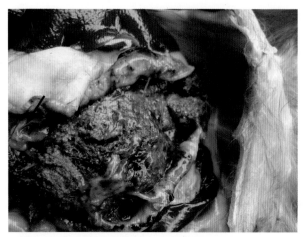

彩图 120　兔药物中毒病变（胃黏膜脱落）

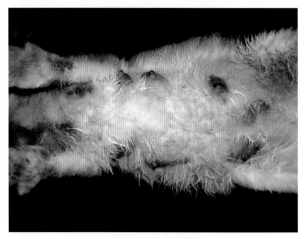

彩图 121　兔乳房炎症状（乳房红肿）

彩图 122　母兔流产症状（阴户排出粉红
　　　　　色分泌物）

彩图 123　兔眼结膜炎症状（眼结膜水肿、
　　　　　出血）